掃描 書中QR碼
下載考題

第 5 版

U0147945

生物學

Fifth Edition

顏子玉 ◎ 編著

BIOLOGY

　　生物學是一門基礎科學，從探討生物學的過程中可認識生物圈中生命的共同性與多樣性，培養鑑賞生命與自然和諧之美；亦可經由探討生命現象的奧祕，了解生物與人類的關係；進而培養觀察、推理、理性思辨及創造等能力，以及尊重生命、愛護生態環境及維持地球永續發展之情操，此乃現代國民應具備之基本生物學素養。

　　此外，生物學亦是國內五專及技術高級中學醫護類科系一門重要的基礎課程之一，深入研習可為後續專業課程的學習奠定良好的基礎，因此，一本適合五專學生的生物書籍可謂相當重要。

　　有鑑於此，編著者遂與新文京開發出版股份有限公司合作，依據教育部後期中等教育共同核心課程「生物」之教材綱要，撰寫《生物學》一書。本書包括緒論、生命的共同性與多樣性、植物、動物的生理學、遺傳學及生物與環境等六章，內容精簡、詳盡，穿插的圖表及相片既豐富又精美詳實，讓讀者易於理解，並達事半功倍的學習成效；各章內穿插延伸閱讀，讓有興趣的讀者可以深入探討相關題材；章末則另附有「小試身手」習題，讓讀者了解本章重點及檢視學習效果。此外，本書另附上二技聯招及四技二專統測生物學考題，學習者只需用手機掃描QR code，便能下載試題，提供繼續升學之讀者複習之便。

　　生物學內容廣泛，作者才疏學淺，恐仍有疏漏謬誤之處，祈盼讀者及專家學者不吝指正，以作為再版修訂之參考，俾使本書內容更臻完善。

編著者 謹識

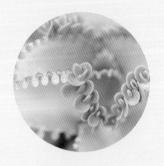

目錄 CONTENTS

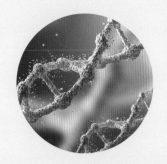

掃描 QR code
或至https://bit.ly/2WOuNmv
下載試題

BIOLOGY

緒論

從太空看，地球是一個藍色、綠色及白色搭配的美麗星球（圖1.1），和鄰近星球的荒寒呈現強烈的對比。為什麼地球給人與眾不同的感覺？那是因為地球上有大氣、水等生命的泉源，並孕育了無數的生物生存在各個角落中，使得地球不再是一團冷硬的岩石，而是一個多采多姿、「活生生」的星球。

生物學(biology)即是研究生物與生命現象的科學，舉凡生物的構造、形態、機能、演化、遺傳、發生，以及生物與生物、生物與環境之關係均屬生物學研究的課題。

 圖1.1　美國航空太空總署(NASA)所拍攝的照片：我們居住的美麗星球－地球。

1-1　生命的特徵

地球上的生物種類繁多，尚不論植物、微生物等，單以動物即有百萬種以上。而各種生物的形態、大小亦差異甚大。但什麼是生物？如何區別生物與非生物？如果我們比較有生命與無生命的物體，可以發現具有生命現象的生物都具有一些共同的生命特徵。

複雜的構造

大多數生物最明顯的特徵就是具有複雜的構造，即使是只有一個細胞的綠藻都具有十分複雜的構造。生物的構造與功能單位－**細胞**(cell)（圖1.2），亦有特定的構造，細胞本身由各種**胞器**(organelle)所組成，胞器又是由許多不同性質的小分子與原子依一定的規則所組成的。在多細胞生物體內，許多功能相似的細胞會組合成**組織**(tissue)，一種或多種組織再構成**器官**(organ)，好幾個器官再構成**系統**(system)。最後，各系統再聯合構成完整的生物體。所以，生物是一個高度複雜而組織化的個體，而無生命的物體則無此情形。

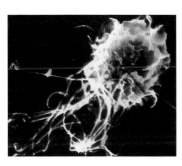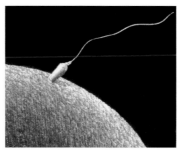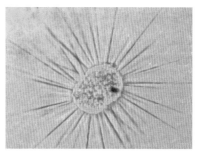

🐾 圖1.2　活細胞展示其多樣的構造與適應力。左圖：巨噬細胞，負有對抗傳染病與疾病的重要任務；中圖：精子和卵相連接；右圖：原生動物太陽蟲，許多單細胞生物中的一種。

新陳代謝

　　每一個生物體內不斷的進行著各種化學反應，這些化學反應的總合稱為**新陳代謝**(metabolism)，簡稱代謝。新陳代謝可分為同化作用與異化作用，同化作用係將小分子合成大分子，例如將二氧化碳、水、胺基酸等分子經化學變化合成更大的分子，以組合成新的物質，因此同化作用又稱為**合成代謝**(anabolism)。而**異化作用**則是將大分子分解為小分子，在其過程中並釋出能量供細胞利用，例如醣類、脂質被分解成二氧化碳及水等，因此異化作用又稱為**分解代謝**(catabolism)。

生長和發育

　　生物都有生長現象。所謂**生長**(growth)指細胞的數目增加或體積變大。對單細胞生物而言，生長即意謂細胞變大；在多細胞生物，生長除了細胞變多變大，通常還伴隨著**發育**(development)。發育是一系列的變化而形成一定形態的個體，例如人在一開始只是一個受精卵，但在生長的過程中，細胞數目不但增多，而且開始分化發育出各種不同功能的細胞，再構成不同的組織、器官、系統。如果沒有發育過程，則每種生物的受精卵生長到最後都將只是一大團細胞而已！

適應環境

　　生物的構造與機能必須適合它所棲息的環境才能生存，這種現象稱為**適應**(adaptation)。例如仙人掌的葉變成針狀，以減少水分的散失。生物所生存的環境時時在改變，環境一旦改變，生存在這裡的生物就必須要能適應新環境，否則就只能遷移至它處或被淘汰。而為適應新環境，獲得有利的生存機會，生物本身的形態與構造也逐漸改變。

感 應

　　所有生物都有偵測並對環境產生反應的能力，此即**感應**(response)。例如動物對光、溫度、碰觸、聲音、化學物質等能產生靈敏的感應。而植物的感應現象雖不如動物明顯，但也有如向地性（根部受地心引力而向下生長）、向光性（如向日葵向著太陽彎曲，見圖1.3）等感應現象。即使只是一個細菌，也能感應到附近的食物而向它移動。

❀ 圖1.3　巨無霸向日葵：花朵直徑可達20公分以上，高度可達200公分以上，花瓣成耀眼的金黃色。

運 動

　　大多數動物的運動是明顯易見的，動物藉著各種運動器官－腳、翼、鰭、鞭毛等，進行跑、跳、飛翔、游泳、爬行等運動，例如兔的跑跳、鳥的飛翔。在一般的觀念中植物是不會運動的，但許多植物亦能在某個部分發生運動現象，例如牽牛花晝開夜合、含羞草的觸發運動（圖1.4）、捕蠅草的捕蟲運動等。

❀ 圖1.4　左圖：人的跑步運動；中、右圖：含羞草的觸發運動。

生 殖

　　所有生物生長到成熟階段就能產生新個體，這就是**生殖**(reproduction)。生殖無疑是生物的最重要特徵之一，因為無生命體如一粒石頭、一塊鋼鐵永遠不可能繁衍後代，而生物能藉著生殖使個體有限的生命傳續下去，綿延不絕（圖1.5）。

🐾 圖1.5　左圖：蒲公英藉由種子繁衍後代；中圖：雞由卵生繁衍後代；右圖：人類由胎生繁衍後代。

1-2　科學的本質

　　生命是如何起源的？起初人類以自然之神、女神、魔法及巫術等傳說來解釋。後來，人類將生命演化的解釋歸納成兩個思想路線－宗教與科學，它們對於改進人類的生活及未來的世界有同樣的貢獻。

神話及宗教

　　過去宗教的特色是為教義信條而創立的，所以無法公開解釋與修正。尤其是傳統性的宗教，常將基礎放在信仰不可侵犯的聖經上，且是不能反對的。現在的西方社會，大部分的宗教領袖視宗教的主要目的為提供信徒道德的規範、心靈的存在意義及禮拜儀式，以助人們度過起起伏伏的人生。

　　宗教對於自然界的解釋有很大的差異，創世神話是大部分宗教或傳統信仰中，對生物起源、人類起源或宇宙誕生的觀念。中國神話中，認為宇宙之初混沌一片，經盤古氏開天闢地，慢慢形成了天地，後來，盤古氏死了，其軀體變成天地間之萬物；然後，女神女媧利用黃土和水，運用法力仿照自己的樣子造人。猶太民族則認為上帝在六天內創造了世上所有生物，並且用泥土造了男人，再用男人的肋骨造了女人。這些故事的真實性無法考究，但皆被當時的社會所接受，其細節都成為信仰與文化的一部分。

科學是一種認知的方法

1. 科學嘗試有系統地收集並組織自然界的訊息。

2. 科學企圖去解釋自然界中被觀察到的事件與現象，並用科學的方法去觀察或證實。

3. 科學家提出事件與現象的解釋稱為**假說**(hypothesis)，假說必須是經得起考驗的，也就是說所有科學的假說是易於證實或反證的。假若科學的解釋不再適合現有的證據時，任何科學的解釋都可能被改變或反對。

4. 科學家繼續嘗試尋找更有力的假說來解釋許多觀察到的事件與現象。

　　最重要的是，科學既不是「教條」，也不是「不變的事實」的集合體。而是「認知的方法」－一種觀察這個世界的過程。

　　當科學家企圖去解釋某件事情「為什麼」發生，那種解釋只與科學家本身所用的科學措詞去形容自然的力量有關。雖然生物學不遺餘力去解釋生命是什麼？生命如何開始？以及人類如何演化？但仍無法提出這樣的論點－生命為何存在？生命的意義何在？人類應如何表現或人類在這世界上的目的何在？

　　「事實」與原理並非科學，而是科學的產物，因為科學中的事實常改變，例如地球是平的這個「事實」在過去是普遍被接受的。所以我們不應完全相信任何聽到的「科學事實」，反而是要著重在研究者得到結論的過程。

1-3　科學的方法

　　科學能夠組織特有的觀察進入邏輯系統，來解釋過去的事件及預測現象的演變。為完成這個目標的一系列有次序的步驟稱為**科學方法**(scientific method)。

觀　察

　　每一種科學研究都從觀察開始，有時需要長時間的觀察，如以演化論之父達爾文(Charles Robert Darwin, 1809-1882)為例，他搭乘英國海軍探勘船小獵犬號花了五年環繞世界探險，在此期間悟出演化理論。有時觀察是瞬間發生的，如1928年英國微生物學家弗來明(Alexander Fleming, 1881-1955)之發現盤尼西林(Penicillin)。弗來明有一天注意到其細菌之培養皿被一種真菌感染，他也注意到真菌菌落的周圍沒有細菌生長，他很快理解到這種真菌可能產生某種物質來殺死細菌（圖1.6）。

圖1.6　弗來明在他的實驗室裡工作。

　　當然，令人震驚的科學發現不會來自於只注意所看到的事物的人，而是來自能夠將僥倖、創造力及洞察力與觀察結合的人。一個優秀的科學家就如哲學家叔本華(Arthur Schopenhauer, 1788-1860)所形容的「當觀察每個人看到的事物時，要能夠去思考別人未想過的」。對事物經過周詳的觀察後，科學家會提出問題，其問題常常是「如何」、「為什麼」等。

假　說

　　針對觀察所發現的問題，科學家以歸納型的推理產生假說，來解釋他所觀察到的各種事實。在歸納型的推理中，科學家嘗試從特別的事件去明確地陳述概括性的原則。換句話說，他們嘗試使用單一化的觀念，將未曾見過的事件與另一事件連結在一起。

一個簡單的假說可能會提出一個因與果的關係去解釋一系列的觀察。換句話說，它可能暗示事件A引起事件B。至於一個較複雜的假說就會提出一個複雜系統運作方法的模型。例如關於演化之早期假說，達爾文即創立一種模型以解釋所觀察到植物與動物之隨著時間變化的關係。

實 驗

假說必須以實驗來驗證，在實驗的過程中科學家至少進行兩組平行實驗，其中一組為**實驗組**，只改變單一因子，稱為實驗變因；另一組為**對照組**，除實驗變因外，其他條件與實驗組完全相同。科學家盡可能設計實驗以獲得數量化的資料，其結果可用數字形式來形容及使用統計方法來分析。這種方式的實驗設計有助於確認實驗中的結果是由於某因子所造成的。

如中央研究院生物多樣性研究中心邵廣昭博士研究「祕雕魚」發生之原因。1993年8月，台北縣萬里鄉核二廠出水口旁，撈獲甚多畸形之花身雞魚（*Terapon jarbua*，俗稱花身仔）及少量畸形之大鱗鯔（*Liza macrolepis*，俗稱豆仔魚），因其外形有明顯的脊背隆起，看起來好像布袋戲裡的駝背怪客「祕雕」，因此被謔稱為「祕雕魚」。為找出使「祕雕魚」脊椎彎曲的真正原因，學界及政府相關單位乃成立「畸形魚原因鑑定小組」，積極展開調查及研究工作。

邵廣昭博士訪查當地漁民、釣客，發現「祕雕魚」每年僅在水溫高之夏季（6~9月）出現，且僅分布在高水溫之出水口及出水口堤防邊100公尺內之有限範圍內，此範圍內之水溫可高達37℃以上；只發生在當地魚苗中致死高溫達41~42℃、且性喜高溫及河口沙灘環境的花身雞魚及大鱗鯔，而核二廠出水口旁恰有一淡水溪流沿出水口堤防之消波塊流出，成為聚集此等魚苗之主要誘因。因此，邵博士假設「祕雕魚」之發生與水溫有關，基於這個假說可直接預測高水溫是導致「祕雕魚」發生之原因。

為測試這個假說，邵博士在實驗室中設置三個水槽，使用核二廠出水口現場之海水及底泥，飼養採自福隆及通霄兩地完全正常之花身雞魚魚苗，其中一個水槽做為對照組，水溫維持於室溫；另二個水槽做為實驗組，水溫分別控制在33℃及38℃。除了實驗變因「水溫」外，其他養殖條件對照組與實驗組完全相同。

　　必須注意的是，單一次獨立的實驗是不夠的，科學家必須嚴謹地重複做實驗。邵博士重複進行了數次相同的養殖實驗，使用統計方法來計算及測試，以確定他的假說應該不會是起因於偶然的狀況。

結　論

　　實驗的結果若支持假說就可以產生**結論**。邵博士經三個星期的養殖實驗結果，室溫及33℃水槽中的實驗魚均發育正常；而38℃水槽中的實驗魚則全部發生脊骨上彎及左右椎彎的現象，與核二廠出水口採獲之同體長祕雕魚的情況相似（圖1.7）。重複數次實驗之結果皆相同，於是假說成立，得到「祕雕魚之發生是受到高水溫影響所致」的結論。

　　實驗的結果若無法支持假說，科學家則必須修正原始的假說，並重新設計新的實驗。總之，在科學家產生結論支持假說以前，在這個循環圖環繞好幾圈是有必要的（圖1.8）。

正常的花身雞魚

畸形的花身雞魚在 X 光照射下可見
其脊骨呈波浪彎曲

🐾 圖1.7　正常之花身雞魚與祕雕魚脊椎彎曲之情形。

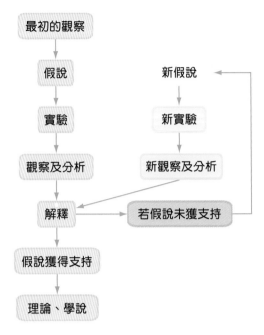

🐾 圖1.8　科學方法的流程。

　　自古以來，人類便不斷的努力尋求如何解釋自然界，而科學的發展就是這努力的過程。科學的知識由直接的經驗累積，並依賴實驗來奠定基礎，而上述科學方法論是由觀察、假說、實驗以印證假說之一系列過程，最終獲得為眾人所信服的理論與學說。

緒　論 Chapter ❶

小試身手
EXERCISE

一、填充題

1. 每一種科學研究都從（　　　　）開始。

2. 假說必須以實驗來驗證，在實驗的過程中科學家至少進行兩組平行實驗，其中一組為實驗組，另一組為（　　　　）組。

3. 生物的構造與功能單位：（　　　　）。

4. 將小分子合成大分子稱為（　　　　）作用。

5. 所有生物生長到成熟階段就能產生新個體，這就是（　　　　）。

6. 演化論之父是（　　　　）。

二、簡答題

1. 具有生命現象的生物具有哪些共同的生命特徵？

2. 科學方法包括哪些步驟？

你答對了嗎？ 觀察、對照、細胞、同化（合成）、生殖、達爾文

BIOLOGY

生命的共同性
與多樣性

細胞是構成生物的基本單位。可分成真核細胞與原核細胞兩類。體內的組織及器官均由不同種類的細胞所構成，以便能執行不同的功能。在生物體中重要的大分子包括脂質、醣類、核酸與蛋白質。脂質包括極性及中性脂質、固醇類等。醣類又稱為碳水化合物，包括單醣、雙醣及多醣，其為生物體內行細胞呼吸時的主要能量來源。核酸由核苷酸構成，包含去氧核糖核酸(DNA)與核糖核酸(RNA)（DNA為遺傳物質，而RNA則與蛋白質合成有關），核苷酸本身則由五碳糖、磷酸根及含氮鹼基所組成。蛋白質由胺基酸組合而成，其在生物體內擔任許多重要功能，例如運輸、調節及免疫等，而胺基酸的種類、數目及排列方式會決定蛋白質的性質。

細胞的結構可分成細胞膜、細胞質、胞器三個部分，而細胞的功能則是由胞器來執行。由於細胞膜可以選擇性的調節物質進出細胞，例如氧氣、養分要進入細胞內，而二氧化碳與代謝廢物則要從細胞內移出。物質可透過簡單擴散、促進性擴散與主動運輸等方式進入細胞內。生物體內的化學反應牽涉到能量，化學鍵的形成或分解需要吸收或釋出能量。生物體內的細胞使用ATP作為能量貯存與轉移的工具。酵素藉著降低活化能而促進反應的進行。

細胞為了補充死亡的細胞數目與延續後代必須進行細胞分裂。細胞分裂分成有絲分裂（發生於一般體細胞）與減數分裂（形成生殖細胞時）兩種。在真核細胞中，細胞利用有絲分裂完成細胞的增殖。細胞週期依序為，G_1、S、G_2及有絲分裂期(M)。有絲分裂可再細分為四個階段：前期、中期、後期及末期，緊接著發生細胞質分裂，將細胞質分成兩部分，細胞分裂至此全部完成。

生物的分類系統從高至低依次為：界、門、綱、目、科、屬、種，而生物的學名則是由屬名與種名所組成。現今最常用的五界分類系統則是將生物分為：原核生物界、原生生物界、真菌界、植物界和動物界。

本章節首先介紹構成細胞內的各種化學成分，如水、碳水化合物、脂質、蛋白質等，接著對細胞的構造與胞器的功能詳加說明。此外，物質進出細胞的方式包含被動運輸與主動運輸等也將一併介紹，緊接著談論到生物體細胞分裂的方式，最後將簡單介紹生物五界。

2-1 細胞的構造與生理

細胞的發現

　　1665年，英國人虎克(Robert Hooke)以自製顯微鏡觀察軟木塞的薄片，他發現到軟木塞是由分隔明顯的小室所組成，並將所看到的小室稱為**細胞**(cells)。這些小室在後來被證實為活組織的細胞壁。文獻上記載第一個將顯微鏡使用在生物學上的人是荷蘭籍的雷文霍克(Anton van Leeuwenhoek, 1632-1723)，藉由顯微鏡的觀察，他發現到原生動物和細菌。而後，生物學家更首次看到生命的基本單位－細胞，使人們得知生物是由細胞所組成的。1838年植物學家許來登(Mathias Schleiden)及1839年動物學家許旺(Theodore Schwann)兩位德國科學家共同提出「**細胞學說**」，其學說內容主要可歸納為三點：

1. 所有生物都是由細胞所組成。

2. 細胞來自於細胞。

3. 細胞是生命的最小構造功能單位。

　　所有的細胞都具有類似的功能，但組成生物的細胞卻有不同的類型（圖2.1）。現存的細胞具備各種不同的大小、形狀、顏色以及構造。有些細胞憑肉眼便能辨識。例如在地中海海中礁石上的笠藻(*Acetabularia mediterranea*)，其單一細胞的大小可達2~3公分(cm)。一般而言，由於細胞相當小（直徑約為20微米），必須使用顯微鏡才能觀察到。目前所知最小的細胞是一種稱為黴漿菌(*Mycoplasma*)的細菌，大小約0.2微米，只有在電子顯微鏡下才能觀察得到，而駝鳥的蛋黃直徑約5~6公分，則是目前已知最大的細胞。

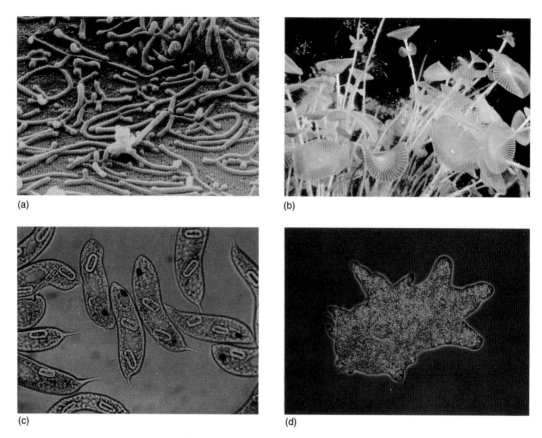

(a) (b)

(c) (d)

圖2.1　各式各樣的生物細胞：(a)黴漿菌：最小、最簡單的原核生物（以掃描式電子顯微鏡觀察，放大18,000倍）。(b)笠藻：外形美麗的綠色海藻，是大型的細胞，可長達3公分。(c)眼蟲：具兩條鞭毛的細胞，鞭毛游動可使細胞快速推進（放大400倍）。(d)阿米巴原蟲：以細胞質伸出形成偽足運動（放大60倍）。

細胞的種類

　　細胞是構成生命的基本單位。細胞可分成兩大類，具有細胞核(nucleus)的細胞稱為**真核細胞**(eukaryotic cell)，沒有細胞核的細胞稱為**原核細胞**(prokaryotic cell)，細菌和藍綠藻都是典型的原核細胞生物。真核細胞與原核細胞的差異可見表2.1的比較。細胞的結構主要分成**細胞膜**(cell membrane)、**細胞質**(cytoplasm)及**胞器**(organelle)。原核細胞與真核細胞最基本的差異仍在於細胞核的有無（圖2.2）。原核細胞沒有細胞核也沒有胞器，所以細胞膜包圍的區域就稱為細胞質。真核細胞的細胞質中主要為液體狀的細胞質液，各種胞器則位於細胞質內。真核細胞中之胞器依其功能可分為三類，如表2.2所示。

👣 表2.1 真核細胞與原核細胞的差異

構 造	真核細胞	原核細胞
核膜	存在於細胞核	缺乏核膜
染色體	包含DNA和蛋白質（DNA與蛋白質的結合，形成染色體）	由環狀DNA組成
紡錘絲	存在	缺乏
細胞分裂	有絲分裂，減數分裂	無絲分裂
有膜的胞器	存在	缺乏
葉綠素	在葉綠體中	不在葉綠體中，在光合作用膜進行光合作用
鞭毛	固定且有「9×2+2」的構造	可轉動且缺乏「9×2+2」的構造
纖毛	存在	缺乏
線毛	缺乏	存在
細胞壁	植物和藻類含纖維素，真菌含幾丁質	含肽聚醣

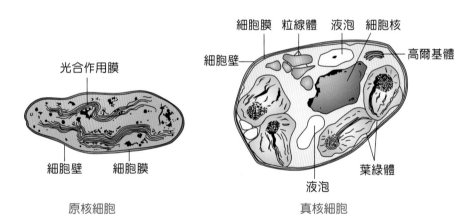

原核細胞　　　　　　　　真核細胞

👣 圖2.2　圖示手繪的兩種光合作用生物，可比較原核細胞與真核細胞的構造，真核細胞有核，原核細胞則沒有核，它們均具有光合作用膜。真核細胞的光合作用膜被包圍在葉綠體的胞器中，而原核細胞的光合作用膜則游離散布在細胞質中。

👣 表2.2　真核細胞中各胞器的功能

胞 器	功 能
細胞核	遺傳訊息及控制：遺傳訊息以DNA形式儲存、複製及表現
內質網、高爾基體、分泌小泡、液泡、溶小體	合成、運輸、再循環：蛋白質、碳水化合物及脂質被合成並轉移通過細胞
粒線體、葉綠體	能量：自食物或陽光獲得可利用的能量

生命的組成分子

　　生物是由許多化學物質所組成，包括水、無機離子及有機化合物等。例如水是生物體內最重要的成分，約占人體體重的2/3，是體內最好的溶劑，大多數物質可溶解在水中，發生各種化學反應，例如體內大分子的分解作用與小分子的合成作用常需要水的參與。細胞內的有機化合物包含碳水化合物、脂質、蛋白質及核酸。

一、碳水化合物

　　碳水化合物(carbohydrate)是由碳、氫、氧所組成的有機分子，通常以分子式$(CH_2O)_n$來表示，可分成單醣類、雙醣類及多醣類。最簡單而無法再分解的醣稱為單醣，例如植物行光合作用之產物葡萄糖($C_6H_{12}O_6$)。葡萄糖是細胞內行呼吸作用的主要能源，可以氧化分解為二氧化碳和水，並提供能量供細胞利用。此外果糖、半乳糖，以及構成核酸的核糖及去氧核糖也屬於單醣（圖2.3）。二個單醣以共價鍵結合可形成雙醣。蔗糖(sucrose)是由果糖及葡萄糖鍵結而成的雙醣。其他重要的雙醣尚包括麥芽糖(maltose)及乳糖(lactose)。麥芽糖由二個葡萄糖分子組成。乳糖則由半乳糖與葡萄糖組成。許多單醣連接成長鏈狀大分子即為多醣，例如澱粉、肝醣、纖維素皆為葡萄糖聚合而成（圖2.4）。澱粉是植物貯存養分的主要型式，光合作用合成的葡萄糖則以澱粉形式貯存起來。肝醣是動物體內多醣的主要貯存型式，而纖維素則為構成植物細胞壁的主要成分。甲蟲外殼的主成分－幾丁質(chitin)亦為一種多醣，存在於甲殼動物、昆蟲等之外骨骼中。

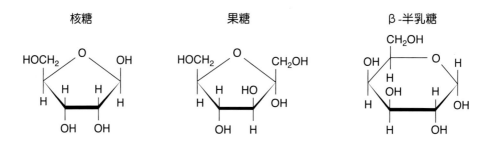

🐾 圖2.3　碳水化合物為有多類形式的分子，共同的分子式為$(CH_2O)_n$，n≧3。它們包含五碳糖（pentose，如：核糖）與六碳糖（hexose，如：葡萄糖），其同分異構物為果糖、半乳糖。

澱粉

肝醣

纖維素

幾丁質

🐾 圖2.4 幾種多醣之結構。

二、脂 質

脂質(lipid)是一種化合物，不溶於水，但可以溶解在有機溶劑中，如丙酮、乙醚或酒精等。脂質在細胞內的功能包括儲存能量、構成細胞膜的成分與進行訊息傳遞等。脂質的種類如下：

1. **三酸甘油酯**：是由三分子脂肪酸與一分子甘油經脫水反應後形成（圖2.5）。三酸甘油酯是脂肪細胞內常見的油脂形式，在植物及動物皆用作食物的儲存。

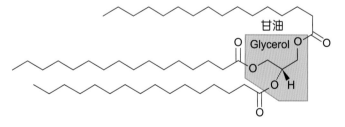

🐾 圖2.5 三酸甘油酯為甘油及3個脂肪酸形成的脂質。

2. **磷脂類**：由甘油的三個碳原子分別與兩個脂肪酸、一個磷酸鹽基結合，此磷酸鹽基可和其他分子結合，例如與膽鹼(choline)分子結合形成卵磷脂。卵磷脂的成分與細胞膜構成有關。

3. **膽固醇**(cholesterol)：是構成細胞膜成分之一，也是體內產生類固醇激素的前驅物（圖2.6）。

4. **其他類脂質物質**：包括胡蘿蔔素、維生素E、維生素K、前列腺素與脂蛋白等。

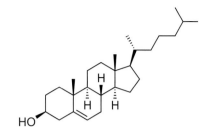

🐾 圖2.6　膽固醇，一種典型的醇脂類。

三、核　酸

核酸包括**去氧核糖核酸**(DNA)和**核糖核酸**(RNA)兩種。核酸組成的基本單位為核苷酸(nucleotide)。核苷酸由三個主要部分組成：一個**五碳糖**、一個**磷酸根**及一個**含氮鹼基**，其結構如圖2.7所示。DNA是細胞內的遺傳物質，位於細胞核中。RNA則除了傳遞DNA的訊息外，亦與合成蛋白質的過程有關。

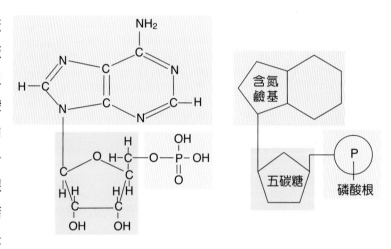

🐾 圖2.7　核苷酸的分子結構及其簡圖。

四、蛋白質

蛋白質(protein)是由胺基酸所組成，常見的胺基酸共有20種。蛋白質在生物體內具有多種的功能，例如在血中攜帶氧氣的血紅素；催化化學反應，如唾液澱粉酶將澱粉分解成單醣；作為結構性的蛋白質，如角蛋白。

延·伸·閱·讀

蛋白質

蛋白質是由胺基酸所組成，胺基酸可由其中的胺基與另一胺基酸的羧基形成共價鍵而連結在一起形成胜肽（圖2.8）。

胺基酸之間所形成的鍵稱為胜肽鍵，而許多胺基酸所組成的長鏈稱為多胜肽鏈。因此多胜肽鏈中所含有的胺基酸的種類、數目及其排列順序也就決定了蛋白質的性質。

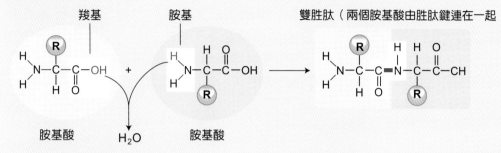

羧基　　胺基　　　　雙胜肽（兩個胺基酸由胜肽鍵連在一起

胺基酸　　H₂O　　胺基酸

🐾 圖2.8　胜肽的脫水合成反應。

一級結構：由胺基酸的數目、種類及排列順序決定，形成多胜肽鏈。

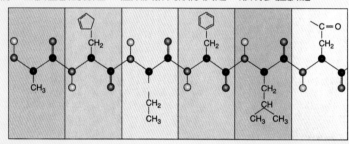

二級結構：多胜肽鏈可形成α-螺旋狀或β-摺疊片狀，氫鍵在羧基和胺基間形成。

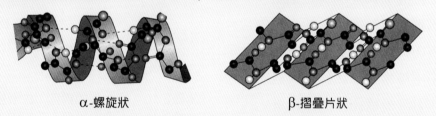

α-螺旋狀　　　　　　β-摺疊片狀

三級結構：二級結構再摺疊，是球蛋白的特徵。　　四級結構：由多個次單位組成。

α鏈　　α鏈

球蛋白的次單位（不含 β-摺疊片狀結構）

β鏈　血基　β鏈

🐾 圖2.9　蛋白質的結構。

蛋白質的結構可分為四級（圖2.9），蛋白質的胺基酸序列稱為一級結構，而氫鍵會使多胜肽鏈形成α-螺旋狀(α-helix)或是β-摺疊片狀(β-pleated sheet)等二級結構。如果多胜肽鏈自行摺疊而形成具有三度空間的立體形狀則稱為蛋白質的三級結構，此結構僅由微弱的化學鍵（如氫鍵）所維持，容易因高溫或pH值的改變而遭破壞，這種使蛋白質的結構產生不可逆的變化稱為蛋白質變性(denaturation)。有些蛋白質僅由一條多胜肽鏈所構成；有些則是由兩條以上的多胜肽鏈共價鍵結而成，稱為蛋白質的四級結構，例如胰島素由兩條多胜肽鏈所組成，血紅素則由四條多胜肽鏈所組成。

細胞的結構

一、細胞核

　　細胞核的構造可分成**核膜**(nuclear envelope)、**核仁**(nucleolus)、**核質**(nucleoplasm)與**染色質**(chromatin)等4個部分。大多數細胞僅存有一個細胞核（成熟的紅血球例外，並無細胞核），而骨骼肌細胞則為多核。細胞核內含有遺傳物質DNA，是細胞的控制中心。細胞核是由兩層膜組成之核膜所包圍，核膜上分布有許多**核孔**(nuclear pore)，可以允許某些小分子物質進出細胞核（圖2.10）。核仁是由DNA、RNA及蛋白質所組成的構造，可進行製造核糖體核酸

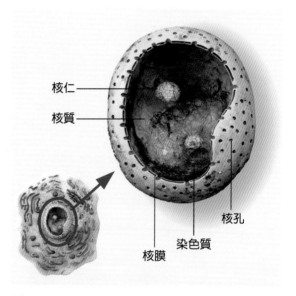

核仁
核質
核孔
染色質
核膜

🐾 圖2.10　細胞核的構造：由圖顯示兩個深色的核仁。染色質散布在核中，而核為具有許多核孔之核膜所包圍。核孔為物質進出細胞核的通道。

(rRNA)。染色質由組織蛋白(histones)及DNA所構成，細胞進行分裂時染色質會濃縮成染色體，染色體在有絲分裂時很明顯，但在間期時散開呈線狀。

二、細胞質

　　細胞質存在的範圍是指細胞膜和細胞核之間的結構，包含**細胞液、胞器**及**包涵體**三部分。細胞質也是細胞內產生化學反應、製造及分解物質產生能量的地

方。細胞液為黏稠的半透明液體，由75~90%之水分、蛋白質、脂質、碳水化合物、電解質及無機鹽類所組成。

胞器(organelle)為細胞內的特化構造，並能在細胞內執行各種不同功能。有關各種胞器的功能請見表2.3。

A. 核糖體 (ribosome)

核糖體存在於真核及原核細胞中，由rRNA及核糖蛋白組成，與製造合成細胞的蛋白質有關。每個核糖體由兩個大小不等的次單位構成，其可分為兩類：

表2.3 各種胞器的功能

構 造	特徵描述	功 能
膠狀基質	含有水及許多溶質	進行許多生理代謝
內質網	與核膜相連，形成極富變化的膜網絡	物質運輸
平滑內質網	無核糖體附在表面	合成脂肪和類固醇
粗糙內質網	核糖體附在表面	與製造蛋白質有關
核糖體	由RNA和蛋白質組成兩個次單位的無膜構造	合成蛋白質
高爾基體	成堆的扁平囊泡	包裝和修飾蛋白質
溶小體	含消化酶的球狀囊泡	行胞內消化，自我瓦解，防禦
微粒體	球狀的囊泡	
過氧化酶體	在肝和腎細胞出現，含催化酶	將H_2O_2氧化成O_2和水
乙醛酸小體	種子細胞內，含酶	將脂肪酸轉變成醣
粒線體	雙膜構造，含DNA	行細胞呼吸，產生能量，合成ATP
葉綠體	含DNA的雙膜囊，內部構造包括基質和葉綠餅	利用光能製造醣類（光合作用）
液泡	充滿液體的囊	
大型（中央）液泡	成熟植物細胞內占大部分空間的大囊泡	儲存物質用，維持細胞形狀
伸縮泡	囊泡周圍常呈放射狀	淡水原生動物用以調節胞內過多水分
食泡	原生動物胞內含待消化的食物的囊泡	可與溶小體結合進行胞內消化
細胞骨架	由微小管、微絲及中間絲所形成	內部骨架，細胞形狀和胞內移動
微小管	細小管狀，微管蛋白組成	如：中心粒、鞭毛、纖毛及紡錘絲
中心粒	圓柱體(9×3＋0)	與動物細胞分裂有關
纖毛和鞭毛	如：毛髮的細胞衍生物(9×2＋2)	細胞運動

1. **固定性核糖體**：核糖體附著於內質網上，可以合成輸送到細胞外的蛋白質。

2. **游離性核糖體**：核糖體散布於細胞質中，負責合成細胞內所使用的蛋白質。

B. 內質網 (endoplasmic reticulum, ER)

內質網為細胞質中兩層平行膜所形成的小管狀構造，可以和核膜相連，是細胞內運輸的管道。內質網可分為兩類：**粗糙內質網**(rough ER, rER)與**平滑內質網**(smooth ER, sER)。粗糙內質網表面有核糖體附著（圖2.11），可合成蛋白質。平滑內質網表面則沒有核糖體附著，不參與蛋白質的合成，但與類固醇之合成有關。在肝臟，平滑內質網則含有負責藥物去毒作用的酶。

C. 高爾基體(golgi apparatus)

高爾基體為義大利顯微鏡技術學家Camillo Golgi所發現。高爾基體與粗糙內質網關係密切。高爾基體的主要功能：(1)負責蛋白質的醣化作用(glycosylation)，這些醣蛋白是醣盞之重要成分，為細胞在免疫辨識系統上的構成要素；(2)核糖體合成的蛋白質送往高爾基體後，根據蛋白質的功能加以分類包裝成分泌小泡。高爾基體的分泌小泡，有些形成溶小體內的消化蛋白酶，有些則送到細胞膜被釋放。此外，一些分泌小泡則形成儲存顆粒，當細胞受到神經衝動或激素作用時經由胞吐作用分泌出去（圖2.11）。

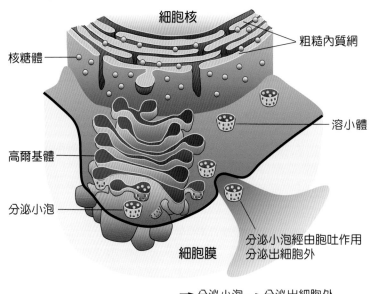

🐾 圖2.11 真核細胞分泌蛋白質的過程。新合成之蛋白質進入粗糙內質網，然後送到高爾基體進行化學修飾，並加入醣類而產生醣蛋白。分泌小泡自高爾基體突起後帶到細胞膜，所含物質係由胞吐作用釋出。

D. 液泡 (vacuoles)

很多種型態的細胞貝有液泡，其內含物從食物顆粒至廢物都有。植物細胞之液泡較顯著，約占細胞總體積之90%。液泡內之液體，含有水分、鹽類、醣類及大量水溶性色素，這些色素賦予葉及花特別鮮明光亮的顏色。

E. 溶小體 (lysosomes)

溶小體由高爾基體產生，其內含有消化酶的液泡，主要為酸性水解酶。細胞經由吞噬作用將病原菌或食物帶進細胞內，溶小體的消化酶可將病原菌殺死，並將大型分子如蛋白質、醣類及核酸等分解為較小的分子為細胞利用，因此溶小體也被稱為是細胞內的消化工廠。當細胞老化或受損時，溶小體將含有消化酶的液泡釋出，會破壞細胞本身的胞器，分解細胞，而引起細胞瓦解，此過程稱為自體分解(autolysis)，故溶小體有自殺小袋之稱。體內某些細胞，例如蝕骨細胞，含有豐富的溶小體，可分解舊骨質使造骨細胞重建新的骨質。

F. 粒線體及葉綠體(mitochondria and chloroplasts)

生物的任何活動都需要能量，而大多數的生物就藉由粒線體及葉綠體這兩種胞器提供能量（圖2.12；圖2.13）。葉綠體捕捉太陽之輻射能，經光合作用產生富含能量的化合物—葡萄糖。葡萄糖可貯存於細胞中，當其被分解時能量隨之釋放而被生物體內的細胞所使用。

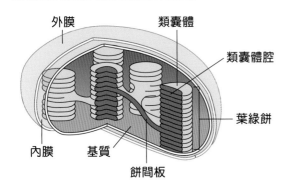

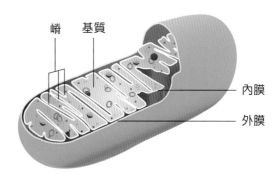

🐾 圖2.12 葉綠體是捕捉日光（輻射能）並將其轉變為化學能的胞器，為兩層胞質膜所包圍，且內膜呈大量堆積狀，能量轉移作用即在此進行。

🐾 圖2.13 粒線體是真核細胞產生能量的胞器。內膜形成深的皺褶，含有合成ATP所需的物質，ATP可引發各種的細胞活動。

　　粒線體的構造含有雙層膜，其膜的構造類似於磷脂雙層，為細胞內製造能量ATP（adenosine triphosphate，腺核苷三磷酸）的場所（圖2.13），其產生的ATP可隨時提供細胞所需的能量。粒線體本身含有環狀粒線體DNA(mitochondrial DNA)，可自我複製分裂，以形成新的粒線體。

G. 細胞骨架(cytoskeleton)

　　從紅血球、變形蟲到神經細胞，每一種細胞可以維持其特定的形狀，是因為細胞會經由微絲、中間絲及微小管形成細胞骨架的構造，來提供細胞穩定的骨架，維持細胞形狀的完整性（圖2.14）。

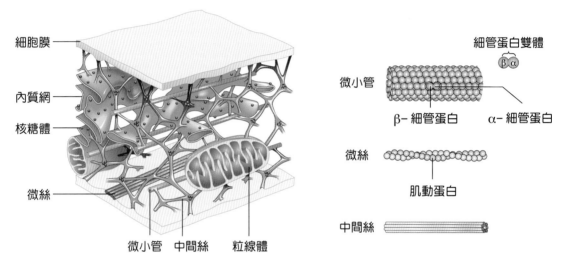

🐾 圖2.14　維持細胞形狀及使細胞運動是細胞骨架的主要功能。細胞骨架分為三種：微小管、中間絲及微絲。

延·伸·閱·讀

細胞骨架

　　細胞骨架是由微小管、微絲及中間絲三種主要的絲狀物所構成。

一、微小管 (microtubules)

　　細胞骨架中最顯著的成分是微小管，其為直徑約25nm的真空管狀構造，由α-細管蛋白(α-tubulin)與β-細管蛋白(β-tubulin)所組成。微小管的功能包括：(1)纖毛及鞭毛的運動、細胞分裂時染色體的移動及細胞型態之改變（圖2.15）；(2)細胞內運輸系統（如神經細胞內微小管），可輔助物質的移動；(3)支持性的構造。

微小管可形成紡錘絲、中心粒、纖毛及鞭毛等構造。中心體(centrosome)位於細胞核旁，一個中心體包含兩個中心粒(centrioles)。典型的動物細胞含有兩個中心粒，細胞分裂時，成對之中心粒分開且移向細胞兩極，於中間形成紡錘絲，與染色體的移動有關。真核細胞中纖毛(cilia)與鞭毛(flagella)是由9個微小管雙體構成，並圍繞在兩個中央微小管四周（為「9×2＋2」的排列）。

每個纖毛和鞭毛在細胞質中的基部，稱為基體。中心粒與基體是由9組管狀物構成，每一組具3個微小管（「9×3＋0」的排列）。不具有中心體的細胞（如神經細胞）便無法再進行細胞分裂。

二、微絲 (microfilaments)

微絲的直徑約6nm，構成微絲的基本單位稱為肌動蛋白(actin)，肌動蛋白是肌肉細胞中的蛋白質之一。微絲具有收縮的特性與細胞的胞吐與胞飲作用有關。微絲有助於維持細胞的形狀，故與許多細胞運動型式有關，如變形蟲的細胞質流動，是由細胞質中肌動蛋白絲的收縮產生的。

三、中間絲 (intermediate filaments)

中間絲的直徑介於微小管與微絲之間，約10nm。其常存在於經常易耗損的細胞中（如皮膚），主要功能為提供細胞構造機械式的支持。

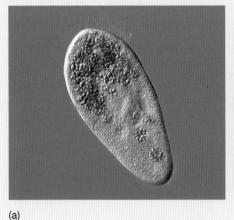
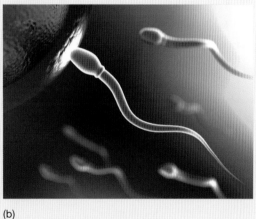

(a) (b)

🐾 圖2.15　(a)纖毛及(b)鞭毛，細胞表面突出物，特化為運動所用。草履蟲之纖毛規則擺動，使細胞在水中向前推進。精子之單一鞭毛揮動可使其快速游動。

三、細胞膜

　　細胞膜的成分主要是由**磷脂質**、**蛋白質**、**醣類**及**膽固醇**所構成，而醣類主要以醣蛋白(glycoprotein)或醣脂質(glycolipid)的形式附著在細胞膜表面（圖2.16）。細胞膜的構造是磷脂雙層，其功能包括：

1. 做為障壁，將細胞內容物與外界環境阻隔。

2. 細胞膜是**選擇性通透的**(selectively permeable)，即某些物質能通過，有些則不能。例如水分子及非極性（油性）分子易通過，帶電荷的分子及較大分子則不易通過磷脂雙層（圖2.17）。

3. 細胞膜上有接受器(receptors)可以和神經傳遞物及激素結合，產生訊息傳遞而引發作用。

4. 經由細胞膜可使相鄰的細胞產生細胞接合，形成穩定的構造。

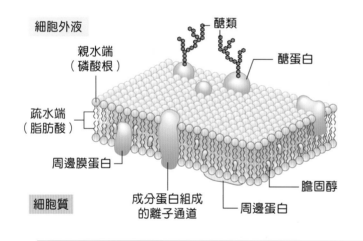

❈ 圖2.16　細胞膜之主要成分。細胞膜是幾種物質組成之流體鑲嵌構造，含有脂質及蛋白質，包括膜蛋白質所附著之細胞骨架。本體膜蛋白質(integral membrane protein)分布在磷脂雙層間，而周邊膜蛋白質(peripheral membrane protein)附著在膜表面上。

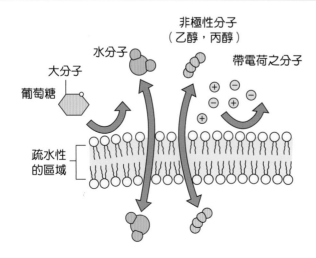

❈ 圖2.17　細胞膜具有選擇性通透：水、乙醇等油性分子易通過。

延·伸·閱·讀

細胞膜

有關細胞膜的構造模型稱為流體鑲嵌模型(fluid mosaic model)，最早是在1972年由辛格(S. J. Singer)和尼可森(G. L. Nicholson)兩位學者所提出。細胞膜之脂質與蛋白質組成只限於在膜的兩側移動，而這種流動性對於膜功能是極為重要的。該模型之內容指出，細胞膜主要的成分是由蛋白質與磷脂質組成磷脂雙層的構造。此磷脂質是由極性帶電荷的磷酸根頭部與不帶電荷的脂肪酸尾部組成。其磷酸根頭部為親水端朝外排列，而脂肪酸尾部則為疏水端朝內排列，細胞膜處於流動的恆定狀態。蛋白質則埋藏在磷脂雙層內，某些蛋白質只有部分埋入磷脂雙層，稱為表面或周邊膜蛋白質(peripheral membrane proteins)，一些蛋白質則從細胞膜延伸進入細胞質中，稱為本體膜蛋白質(integral membrane proteins)。

細胞接合

細胞必須以某種方式結合在一起形成組織，此種相鄰細胞之間的特殊連繫稱為細胞接合。在動物細胞的**細胞接合**(cell junctions)有三種類型，分別介紹如下（圖2.18）：

1. **緊密接合**(tight junctions)：相鄰細胞的頂端藉由緊密接合的方式，將彼此間的細胞膜融合在一起，防止物質在這兩個細胞之間流動。例如腸道細胞之間的緊密接合可防止腸道內容物滲入腹腔。

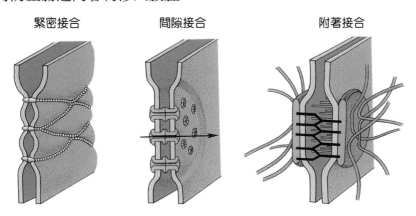

緊密接合　　　　間隙接合　　　　附著接合

🐾 圖2.18　圖示一種單層上皮組織的三種細胞接合之示意圖。左圖：緊密接合是由細胞之間網狀連接物質所形成，阻止物質在兩個細胞之間流動。中圖：圖中成群的小點是數百個間隙接合，每個小點都是個別獨立的單位，形成可容許小分子流通的孔道。右圖：附著接合是由細胞外的接合處連接細胞膜變厚的部位，其內延伸出細胞骨骼的纖維，提供鄰近細胞之間的機械性接合。

2. **間隙接合**(gap junctions)：提供細胞之間連繫的管道，為蛋白質所形成的通道。間隙接合可做為物質如離子、胺基酸交換的直接通道。同時容許電子訊號與代謝物在細胞之間流通，使細胞得以同步化的運作，例如心肌。

3. **附著接合**(adhering junctions or desmosomes)：是相鄰細胞之間強的機械性結合，容易出現在承受機械力較多的組織中，例如在皮膚組織中可防止細胞的分離。在植物細胞中則有一種細胞接合，稱為**原生質連絡絲**(plasmodesmata)，是允許分子及離子通過相鄰植物細胞間的一種通道，其可與相鄰細胞中的內質網相連接。

物質通過細胞膜的運輸方式

分子通過細胞膜有三種方式：**簡單擴散、促進性擴散**及**主動運輸**。

一、簡單擴散

簡單擴散(simple diffusion)是指分子自高濃度區往低濃度區移動，此過程中不需要消耗能量ATP。物質是否能通過細胞膜的磷脂雙層，取決於物質的親脂性。例如氧、二氧化碳與酒精為親脂性，可以直接溶解藉由簡單擴散而通過細胞膜（圖2.19）。

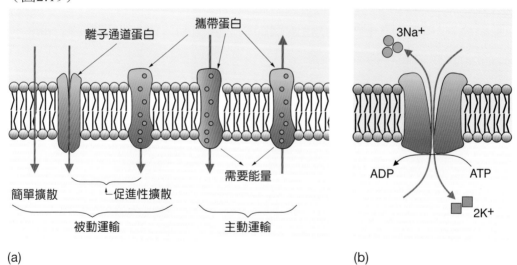

(a)   (b)

🐾 圖2.19　(a)物質通過生物性膜之三種方式：簡單擴散、促進性擴散及主動運輸。促進性擴散乃由特化的蛋白質載體協助通過細胞膜，此蛋白質載體是形成管道之膜蛋白質，只允許特定的物質通過。主動運輸耗掉能量以推動特定物質通過細胞膜，並可逆著濃度梯度運輸物質。(b)鈉－鉀幫浦。

二、促進性擴散

促進性擴散(facilitated diffusion)與簡單擴散相同的地方，是必須在具有濃度梯度差的情況下進行，而主要的差異則是促進性擴散需藉由蛋白質載體來運送物質，此過程中不需要消耗能量ATP（圖2.19）。例如葡萄糖進入細胞的方式。

三、主動運輸

物質由低濃度往高濃度方向運輸時，為抵抗濃度差之梯度，細胞需要消耗能量，主動運輸(active transport)能量的一般來源是ATP（圖2.19）。例如鈉－鉀幫浦$(Na^+-K^+\ pump)$，此幫浦本身具有ATPase的活性，可將ATP分解提供能量給幫浦，然後將3個Na^+送出細胞外，同時交換2個K^+到細胞內，而造成細胞內高濃度的K^+與低濃度的Na^+狀態。此種細胞膜內外Na^+和K^+之濃度差異的維持在神經細胞及肌肉細胞中特別重要，因為這些離子有助於電衝動的傳導。

 延·伸·閱·讀

滲透

滲透(osmosis)是指水分子通過選擇性通透膜由高濃度往低濃度方向擴散的作用。水移入細胞的趨勢會產生力量，造成壓力，此壓力稱為滲透壓(osmotic pressure)。滲透作用的產生需要有：

1. 半透膜兩邊的溶質有濃度差存在。
2. 只有水分子可通過半透膜，而溶質則無通透性。我們稱具較高溶質濃度之溶液為高張 (hypertonic) 溶液，具較低溶質濃度之溶液為低張 (hypotonic) 溶液。水通過選擇性通透膜之淨移動總是由低張溶液流向高張溶液，當達到平衡時，水之淨移動停止，則此兩溶液稱為等張 (isotonic) 溶液。

水極易通過細胞膜，因此懸浮於純水中之細胞即面臨嚴重的滲透壓問題。如滲透壓過大，細胞終將膨脹而破裂（圖2.20）。生物體對抗滲透壓的方式有三種：

1. 改變細胞的環境，使生物體內每個細胞間產生「微環境 (microenvironment)」，而這種微環境包括等張溶液。在等張溶液的環境下，確保細胞不會遭遇滲透壓的迫害。

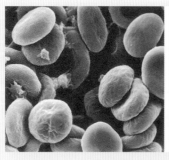  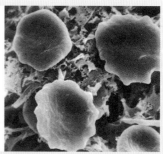

✿ 圖2.20　滲透引起細胞形狀戲劇性的轉變。這三個圖顯示紅血球在低張（左圖）、等張（中圖）及高張（右圖）溶液中的狀態。

2. 生活在水中的單細胞生物含有特殊的胞器來對抗滲透壓，稱為伸縮泡 (contractile vacuoles)。當水滲入細胞時，伸縮泡即可吸收水分，將水排放到細胞外，使細胞能夠維持正常的形狀（圖 2.21）。

3. 細菌、藻類及植物具有細胞壁圍繞在細胞膜之外，堅固的細胞壁足以抵抗滲透壓而避免細胞膨脹。

水移入中央液泡使其脹滿

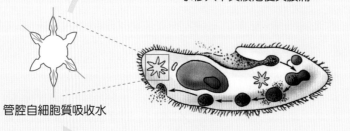

管腔自細胞質吸收水

液泡的洞打開，液泡收縮，使水排出

液泡及管腔排空

✿ 圖2.21　有些細胞面臨滲透壓時的處理方式是經由伸縮泡釋出多餘的水分。如原生生物之草履蟲，具有發育良好之伸縮泡，可自周圍細胞質吸收水分，再通過各管腔進入中央液泡，然後經由細胞表面的孔將收集的水分排出。

細胞中的化學反應

物質燃燒會釋出能量稱為**放熱反應**，需要熱的反應稱為**吸熱反應**。生物體體內這兩種反應都有，而放熱反應通常提供吸熱反應所需的能量。生物體最常利用ATP分解所產生的能量以提供吸熱反應所需的能量。化學反應可產生能量，但並不保證其反應會自發地進行。開始化學反應所需要的能量稱為**活化能**，提供活化能的方法通常就是加熱。

細胞需要適當的催化劑使反應可以在平常的溫度中進行。這些細胞的催化劑被稱作**酵素**（或**酶**）（圖2.22），酵素催化的反應物稱為**受質**。受質直接與酵素結合後變成**產物**。酵素與受質的結合具有專一性。生化學家將受質與酵素的關係比喻為鎖與鑰關係。這種緊密的結合產生了**酵素—受質複合體**，此種複合體使得受質的活化能得以降低。

酵素另外需要一種離子或小分子的幫助，這些物質稱作**輔助因子**。如果輔助因子是有機分子的話即稱為輔酶，如維生素B_{12}、泛酸與葉酸等是細胞內與能量釋出有關反應的輔助因子。酵素可以降低活化能而增加反應速率，但是卻不能改變其能量的需求。

酵素可以加快反應速率，但是無法改變反應方向。影響酵素活性的因素包含溫度與pH值。極高的溫度可能使酵素永久失去其活性，圖2.23顯示溫度如何影響到酵素催化的反應。酵素也對pH值

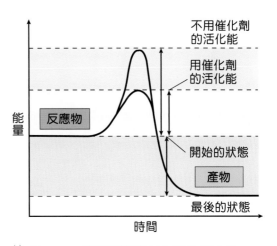

🐾 圖2.22　酵素可以降低反應的活化性。

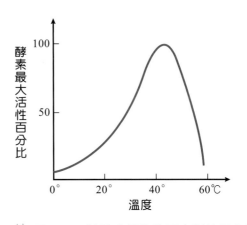

🐾 圖2.23　被酵素催化的反應對於溫度的變化敏感。在一定的溫度範圍之內，溫度增加使得反應速度增加。然而由於酵素的結構是蛋白質，溫度過熱會造成活性位置的形狀改變因而使得速率降低。

敏感，許多酵素作用最適合的pH值範圍並不相同。例如胃蛋白酶在低pH值的活性最高，適合在胃的酸性環境中作用。唾液中的澱粉酶最適合的pH值是7.0，與唾液的pH值類似（圖2.24）。

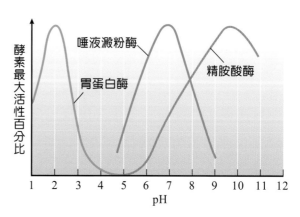

 圖2.24　酵素的活性受到pH值的影響。酵素活性的最適pH值通常與其在體內的環境的pH值類似

2-2 細胞分裂

　　身體的細胞會因衰老、死亡等原因造成數目減少，此時個體必須不斷地產生新細胞加以補充，細胞須經過完整的**細胞週期**(cell cycle)，並藉由細胞分裂的過程而產生新細胞。細胞分裂的過程包括**細胞核分裂**及**細胞質分裂**，細胞核分裂的型態有兩種，即**有絲分裂**(mitosis)與**減數分裂**(meiosis)。

　　單細胞生物如大腸桿菌，細胞的分裂就是生殖。分裂後的子細胞擁有母細胞完全相同的性狀。原核細胞的細胞分裂相當簡單，將細胞一分為二。故常被稱為**二分法**(binary fission)，如細菌置於養分豐富的環境下，每20分鐘便能以二分法分裂一次。

有絲分裂

　　真核細胞的分裂過程就是所謂的有絲分裂(mitosis)。有絲分裂會發生在一般體細胞，進行時細胞的染色體複製一次而細胞只分裂一次，有絲分裂後體細胞內染色體數目不變。完整的細胞週期可分成**間期**(interphase)與**有絲分裂期**(mitotic phase)兩個階段（圖2.25）。不同細胞的細胞週期長短差異很大。酵母菌只需2小時就可完成整個週期，人類的皮膚則需要24小時完成。

間期分成**G_1期**（gap phase 1，間隙期1）、**S期**(synthesis phase, S phase)、**G_2期**（gap phase 2，間隙期2）等三時期。間期的主要目的為合成細胞生長所需的蛋白質、DNA、RNA與胞器的建構。

一旦細胞完成所需要的DNA、RNA與蛋白質，則開始進入有絲分裂的階段。細胞必須利用間期複製DNA，而此DNA合成期就是細胞週期中的S期。S代表"the synthesis of DNA"。有絲分裂結束後到S期開始的期間稱為G_1期，其中S期為DNA及兩個中心粒複製的階段，S期結束後則緊接著為G_2期，此時已含雙倍的染色體及兩對中心粒。有絲分裂的過程可分成**前期**(prophase)、**中期**(metaphase)、**後期**(anaphase)、**末期**(telophase)四個時期（圖2.26）。

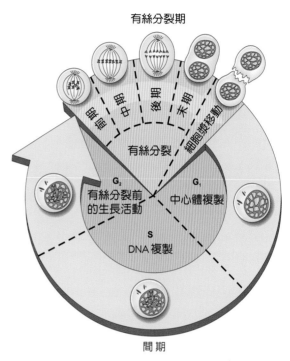

🐾 圖2.25 真核細胞的細胞週期。DNA在"S"期合成。S期與有絲分裂期之間被G_1與G_2期隔開。

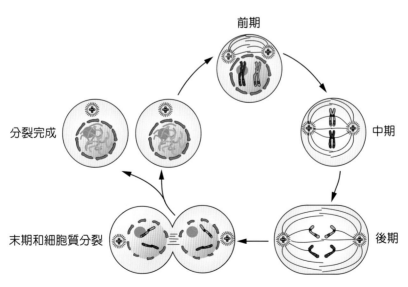

🐾 圖2.26 有絲分裂的四個時期。

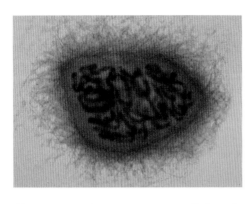 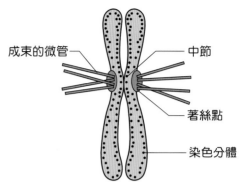

成束的微管 ── 中節

── 著絲點

── 染色分體

✿ 圖2.27　左圖為有絲分裂前期的早期出現染色體。右圖為前期中，可看到染色體具雙股染色分體，染色分體藉著中節緊靠在一起。

一、前 期

　　緊接在間期之後，就是有絲分裂的前期。前期的特徵是核仁、核膜消失不見，此外染色質濃縮變成染色體。濃縮的染色體是由雙股染色分體(chromatids)所構成，染色分體藉著中節(centromere)緊靠在一起。中節也是染色體和紡錘體連接的地方，所以又稱為**著絲點**(kinetochore)（圖2.27）。

二、中 期

　　染色體排列在細胞赤道板上時就是中期的開始。中期是觀察染色體的最佳時機。染色體在這段時期可明顯的被分辨出是由雙股染色分體組成（圖2.26）。

三、後 期

　　兩個染色分體朝著相反的方向移動至將要形成子細胞細胞核的位置。所有的染色體都是以此種方式分開，最後在每一邊皆擁有一整套染色體（圖2.26）。

四、末 期

　　重新組成新的細胞核，隨著染色體消散，紡錘體消失，當新的核膜出現時有絲分裂就此結束（圖2.26）。

　　有絲分裂後接著進行細胞的**細胞質分裂**(cytokinesis)，然後產生兩個子細胞。在動物細胞中，細胞質分裂起始於**卵裂溝**(cleavage furrow)的形成（圖2.28(a)），由兩個細胞核之間的細胞膜逐漸往內凹陷造成的環狀溝，此溝裂會愈來愈深，直

到兩個細胞完全分開為止。植物細胞則
以**細胞板**(cell plate)分隔兩個子細胞，細
胞板係由細胞質中產生的囊泡聚合而成
（圖2.28(b)）。

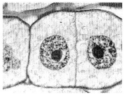

(a) 卵裂溝—動物細胞　(b) 細胞板—植物細胞

🐾 圖2.28　細胞質分裂。

減數分裂

　　動物或人體行有性生殖時，生殖細胞需要經過減數分裂(meiosis)的過程，
來產生單倍數染色體的配子。減數分裂過程中，其細胞染色體複製一次，而細
胞分裂則發生兩次。減數分裂後，生殖細胞內染色體數目會減半。減數分裂的
過程可分成**減數分裂I**(meiosis I)與**減數分裂II**(meiosis II)。減數分裂I又可分成前期I、中期I、後期I與末期I等時期（圖2.29）。

一、前期I

　　核仁、核膜消失不見，同源染色體配對排列稱為**聯會**(synapsis)，此同源染色體的四個染色分體稱為**四合體**(tetrad)。此時四合體的染色體絲可進行交叉互換，增加遺傳基因的變異性。

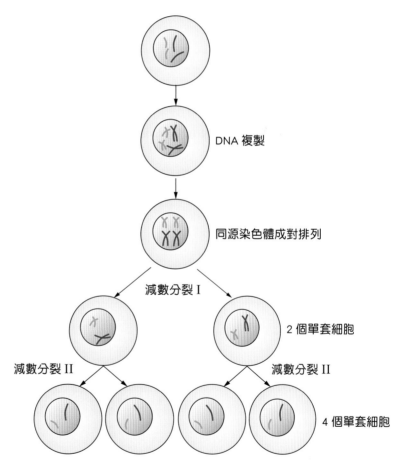

🐾 圖2.29　一含有4條染色體生物其減數分裂之概觀。

二、中期 I

成對的同源染色體會排列在赤道板上。

三、後期 I

成對的同源染色體互相分離，並往兩極移動。

四、末期 I

核仁重新出現、紡錘體消失，兩個新細胞形成，第一次減數分裂完成。

減數分裂II的過程也包括前期II、中期II、後期II與末期II，這幾個時期基本上與有絲分裂均很類似。分裂的結果會造成每一個子細胞只含原來細胞染色體數目的一半。

2-3 生物的多樣性

目前生物的命名是採用瑞典植物學家林奈(Carolus Linnaeus, 1707-1778)所發明的命名系統，稱為**二名法系統**（包含屬名及種名）。

此外生物學家為了方便分門別類，採用一種分類系統，包括從最大部門的**界**(kingdom)、**門**(Phylum, Division)、**綱**(Class)、**目**(Order)、**科**(Family)、**屬**(Genus)至**種**(Species)。目前最常使用的五界系統，係由康乃爾大學R. H. Whittaker所提的系統再做修正，如表2.4所示。此分類系統已經廣被接受，同時以一種演化「樹」描述之（圖2.30）。五界系統樹是「根源」於**原核生物界**(Monera)，此界包括了所有的原核生物。系統樹的「樹幹」是以**原生生物界**(Protista)為主。系統樹的主要三個「分枝」，根據營養類型被界定成：**植物界**(Plantae)，主要包括具有細胞壁、可行光合作用的初級生產者；**真菌界**(Fungi)，由具有細胞壁之異營分解者及寄生者所組成；**動物界**(Animalia)，包括不具細胞壁的各種異營者。

🐾 表2.4　五界的主要特徵

原核生物界	原生生物界	真菌界	植物界	動物界
原核；缺乏與膜結合的細胞內結構	真核；具細胞核、粒線體、有些具葉綠體	真核；具細胞核、粒線體、但沒有葉綠體；含幾丁質的細胞壁	真核；具細胞核、粒線體、葉綠體；含纖維素的細胞壁	真核；具細胞核、粒線體、但沒有葉綠體；不具細胞壁
單獨的、細絲狀的、群體的	大多數是單獨的，有些是群體的或多細胞的	有些單細胞、大多數成線狀分枝	多細胞、大多數在地上不動	多細胞、大多數能動
好氧的或厭氧的	大多數好氧的	大多數好氧的	嚴格地好氧的	嚴格地好氧的
自營的或異營的	自營的或異營的	大多數腐生的	行光合作用的自營者	異營者
各種的細菌，包括藍綠藻	阿米巴、草履蟲	酵母菌、黴菌、蕈	蘚類、蕨類、開花植物、海草	海綿、蟲、蝸牛、昆蟲、哺乳類

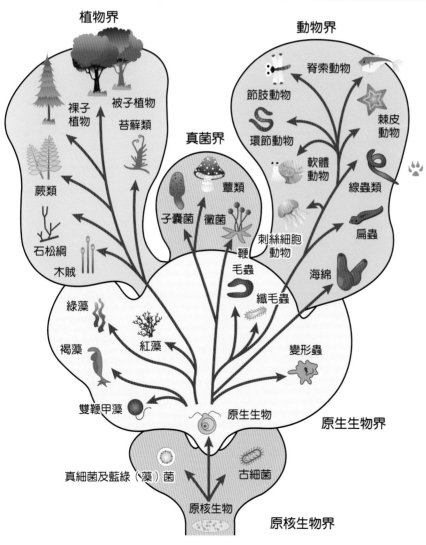

🐾 圖2.30　五界系統的圖示描述假設性演化關係。所有原核生物置於原核生物界內。單細胞真核生物置於原生生物界內，而多細胞真核生物則被劃分為真菌界、植物界及動物界。注意，雖然此系統將所有原核生物置於原核生物界，但近來的發現導致原核生物界再分成古細菌門(*Archaebacteria*)及真細菌門(*Eubacteria*)。有些系統學家認為這些門應該要分成不同界。

　　本節將介紹原核生物界、原生生物界、真菌界及動物界等四界之生物，有關植物界更詳細的部分，諸如其構造、功能與生殖，則在第3章植物篇內討論。病毒的部分則於延伸閱讀（第47頁）內簡介。

細菌：原核生物界

　　原核生物界的成員為現今數量最多的生物（圖2.31）。原核生物演化過程中，至少分成三種不同的門：包括**古細菌**(Archaebacteria)、**真細菌**(Eubacteria)、**藍綠藻**(Cyanobacteria)（表2.5）。

一、古細菌

　　古細菌又稱為「古老」細菌，是因為它們的外表與最早的原核生物十分相似。有些古細菌稱為甲烷產生者(methanogens)，生活在沼澤的缺氧泥灣中，產生代謝副產物—甲烷（沼氣）。另一群成員，嗜溫、嗜酸者(thermoacidophiles)棲息在十分熱、酸的環境，像是硫磺泉及深海的火山出口。嗜鹽者(halophiles)可行光合作用，只存在於像死海及大鹽湖的地方。

二、真細菌

　　真細菌的數量多且具生態上多樣性。真細菌的主要類群如表2.5所示。

三、藍綠藻

　　藍綠藻普遍存在於地球上，可進行光合作用，有些藍綠藻在顯著、特殊的異型細胞中進行固氮作用。

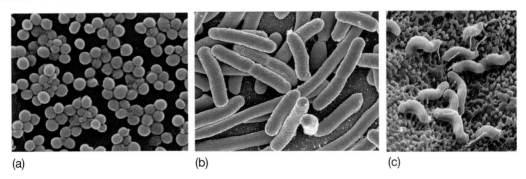

(a)　　　　　　　　　　(b)　　　　　　　　　　(c)

🐾 圖2.31　原核生物的外形：(a)球狀球菌（cocci，單數coccus），(b)棒狀桿菌（bacilli，單數bacillus），(c)螺旋形螺旋菌（spirilla，單數spirillum）。

表2.5　細菌的多樣性

門	外形	營養	例子
古細菌			
甲烷產生者	桿菌、球菌或螺旋菌	化合或光合的	在人及動物腸道中的纖維素消化者
嗜溫、嗜酸者	桿菌	化合的	火山出口細菌，硫磺泉的細菌
嗜鹽者	桿菌	化合的（利用細菌視紫紅質）	死海及鹽池的桃色細菌
藍綠藻（有人將其歸於真細菌）	球菌、桿菌、鏈桿菌	光合的（利用葉綠素），固氮	通常在淡水、有鹽味的水及海洋生境
真細菌			
假單胞菌	桿菌	異營的，化合的	腐生土壤細菌
螺旋體	螺旋菌	異營的，自由生活或寄生	引起梅毒的寄生物
腸細菌	桿菌	異營的共生體，在哺乳類動物腸道中可行互利共生、片利共生或寄生	正常腸道共生體，有時引起致死的痢疾及傷寒的寄生物
衣原體	非常小的似球體	異營的，寄生的	人類之泄殖腔感染
放射菌	桿菌、鏈桿菌	異營的，自由生活或寄生	產生鏈黴素的土壤細菌，在植物根部的固氮共生體，引起肺結核及痲瘋病的寄生物

原生生物界

　　原生生物界是真核生物中最多樣的一界，其代表性生物如表2.6所示，根據其營養習性將原生生物分成**原生動物、黏菌類、單細胞藻類**三個廣大類群。

表2.6　代表性原生生物

	門　別	棲　地	養分來源	運動方式
原生動物	鞭毛蟲門（錐體蟲）	動物體	與動物共生或寄生在寄主動物	鞭毛
	纖毛蟲門（草履蟲）	池水（表層）	食物利用纖毛擺動進入口溝，在食泡中消化	纖毛
	肉足蟲門（變形蟲）	池水（底層）	用偽足吞入食物	用偽足行阿米巴運動
	孢子蟲門（瘧原蟲）	動物體	寄生在寄主動物	無
黏菌類	黏菌門（黏菌）	植物或動物體	腐生或寄生	無
單細胞藻類	裸藻門（眼蟲）	池水（表層）	光合作用	鞭毛
	金黃藻門（矽藻）	淡水和海水	光合作用	許多有鞭毛
	甲藻門（雙鞭藻）	海水	光合作用	鞭毛

一、原生動物

A. 鞭毛蟲類(flagellates)

原生動物中外觀最簡單的一種，具有一至多條細長的**鞭毛**。有些共生地生活在白蟻的腸中，幫助白蟻分解複雜的纖維素。其他鞭毛蟲類為致命寄生物，如錐體蟲屬(*Trypanosoma*)的一種，會引起非洲昏睡病（圖2.32）。

B. 肉足蟲類(sarcodina)

肉足蟲類的成員通稱為**阿米巴**(amoebae)，會形成偽足，具有多樣的生態。有些阿米巴（例如赤痢病原蟲）寄生在哺乳類動物（包括人類）中，它們在寄主體內會造成阿米巴赤痢。

C. 纖毛蟲類(ciliates)

纖毛蟲類的代表為**草履蟲**（圖2.33），具有所有原生動物中最複雜的胞器。有些是食腐屑者或捕食者。

D. 孢子蟲類(sporozoa)

孢子蟲類具有複雜的生活史，通常牽涉兩種寄主及某種類似孢子階段。最為大家所知的，是會引起人類瘧疾的**瘧蟲屬**(*Plasmodium*)的成員（圖2.34）。

二、黏菌類

黏菌通常為腐生或寄生在植物或動物上。當食物缺乏時，黏菌會分泌出一種可引起上百個細胞群集的吸引性的化學物質，而形成一多細胞、似蛞蝓的原質團。當環境變好時，其會產生一個會釋出孢子的子實體（圖2.35）。

🐾 圖2.32　這些典型鞭毛總綱生物具有一條顯眼的鞭毛。

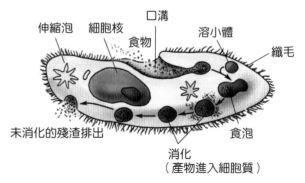

🐾 圖2.33　草履蟲構造。

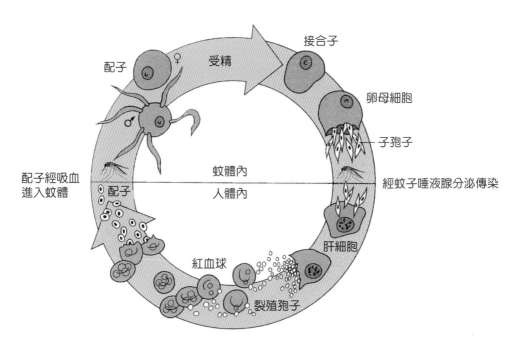

🐾 圖2.34　瘧疾寄生物的複雜生活史—宿主及昆蟲攜帶者與寄生物的共演化。自循環左方開始：雌蚊叮咬一位感染者而隨著血液吸入原生動物的配子。在蚊的消化道中，配子結合並形成一接合子。自接合子中發展出卵母細胞(oocysts)的結構，並在其中發育成數千個小的、紡錘形的子孢子(sporozoites)。當卵母細胞破裂後，有些子孢子侵入蚊子的唾液腺，當蚊子再去叮咬其他人時，會釋出感染的子孢子，子孢子進入肝細胞並增殖而形成裂殖孢子(merozoites)。肝細胞破裂，裂殖孢子被釋出並進入紅血球而增殖，接著紅血球破裂釋出代謝廢物，並引起感染者發燒。有些裂殖孢子變成配子，然後雌蚊再去叮咬另一位感染者，繼續此循環。

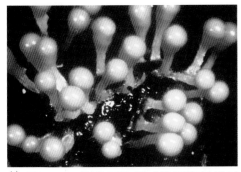

🐾 圖2.35　這些子實體或孢子囊是黏菌製造孢子之階段。

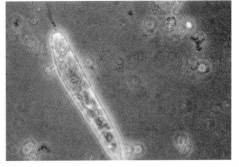

🐾 圖2.36　裸藻，乃使自營生物與異營生物間的界限弄模糊的一屬（放大倍率160）。

三、單細胞藻類

A. 眼蟲(euglena)

　　眼蟲屬於不具細胞壁的裸藻門，是無法確定分類的一屬（圖2.36），有眼點可感光，其鞭毛可游動。有些有葉綠體可行光合作用合成類澱粉；有些缺乏葉綠體，則自環境中吸收養分。

B. 甲藻類(pyrrophytes)

甲藻類通常稱為**雙鞭甲藻類**(dino-flagellates)，是僅次於矽藻、數量第二多的水中初級生產者，少數雙鞭甲藻類所產生的毒素能引起高等生物生病、甚至死亡。**紅潮**（圖2.37）便是由某些自由游動之雙鞭甲藻類突然、爆發性生長所造成的。雙鞭甲藻所產生的毒，經由食草動物所攝取，並經由生物放大作用而累積在食物鏈中。

🐾 圖2.37　紅潮。

C. 金黃藻類(chrysophytes)

金黃藻類包括通常稱為**矽藻、金褐藻**及**黃綠藻**的單細胞藻類。矽藻是最重要的水中初級生產者之一。許多矽藻具有含矽的外殼，十分美麗。

真菌界

真菌種類繁多，例如酵母菌、食用的蕈類及使食物發霉的各種黴菌皆屬之。除酵母菌等少數種類為單細胞之外，其他真菌均為多細胞生物，且形成細長如絲的菌絲，再由菌絲集合成菌絲體。真菌均為異營性生物，其體內不含葉綠素，無法行光合作用自行製造養分，必須自生活環境中吸收食物才能生存。

真菌會行腐生、寄生或與其他生物共生。行腐生的真菌會扮演分解者的角色。若死去的生物體不會被真菌等分解者所分解，則地球上將為死屍所堆滿，而各種元素也無法循環利用。其菌絲穿入死亡的生物體內並分泌消化酵素分解食物，然後將養分吸收。行寄生的真菌則生活在各種植物、動物的身體表面或體內。行共生的真菌和植物有密切關係，如地衣(lichens)是藻類和真菌的共生。其中，藻類可行光合作用提供食物給真菌，而真菌的菌絲則可提供藻類庇護的環境，例如避免日光過度曝晒所造成的乾燥。真菌具有經濟價值，如食用的蕈類、製作麵包的酵母菌、可提煉盤尼西林(Penicillin)的青黴菌等。表2.7為真菌的分類與特徵描述。

表2.7　真菌的分類與特徵

門	舉例	營養方式	註
卵菌	水黴菌	腐生（分解植物或動物）、寄生	卵菌與藻類相似，遊走孢子
子囊菌	松露和酵母菌	腐生、寄生	藉分生孢子行無性生殖，子囊孢子行有性生殖；最多數的一門；和藻類共生，形成地衣
擔子菌	蕈類	腐生（分解植物）	可食或有劇毒，藉擔孢子有性生殖
接合菌	麵包黑黴菌	腐生（分解植物或動物）、共生、寄生	遊走孢子行有性生殖，菌絲產生孢子行無性生殖
半知菌（不完全菌）	青黴菌	腐生（分解植物或動物）、寄生	不了解有性生殖階段

真菌的主要類群

A. 卵　菌

　　卵菌通常指水黴菌，因其卵比精子大許多而得名。以腐生或寄生得到養分。卵菌與藻類的某些特徵相似，例如其細胞壁的組成與藻類一樣，皆為纖維素，而非幾丁質，因此有些生物學家將之歸屬於藻類。

B. 子囊菌

　　子囊菌如酵母菌、紅麵包黴菌、粉黴病菌。酵母菌為單細胞、無菌絲，其他種類具有菌絲，且菌絲中有不完全的隔膜，隔膜上有孔，使相鄰細胞間的物質可互相流通。子囊菌在有性生殖時能形成特殊的孢子囊，稱為**子囊**(ascus)，子囊外面還有許多菌絲包圍而形成**子囊果**(ascocarp)（圖2.38），其形狀常如杯狀，為子囊菌之特徵。

圖2.38　擔子菌與子囊菌。

C. 擔子菌

擔子菌包括蕈類及造成植物病害的黑穗病菌、鏽病菌等，皆具菌絲，且菌絲內有隔膜，其上有孔，可容物質通過。蕈類是最典型的擔子菌，由許多菌絲聚合成明顯易見的**擔子果**(basidiocarp)。擔子果由**蕈柄**(stipe)及**蕈蓋**(pileus)組成，蕈蓋的腹面有輻射狀的**蕈褶**(gills)，內藏有孢子。蕈類如香菇、洋菇、木耳是味美可食的，但也有不少蕈類含有劇毒，誤食將致人於死！所以在野外看見不熟悉的蕈類不可隨意採食，避免造成傷害（圖2.39）。

🐾 圖2.39　致死的毒蕈－死亡帽蕈。

D. 接合菌

接合菌常生活於土壤中腐敗的動、植物體，麵包上的黑黴菌是常見的種類之一。其孢子掉落於麵包上後長成菌絲，菌絲伸向空中，頂端膨大成為孢子囊。孢子囊成熟後會破裂釋出黑色的孢子，為無性生殖的方式。黑黴菌也會行有性生殖。其兩個不同型(＋，一)的菌絲互相靠近形成**配子囊**(gametangium)，配子囊內正、負配子結合形成雙套(2n)的合子(zygote)。接合子經一段時間休眠後萌發，並行減數分裂而長出直立的孢子囊（圖2.40）。

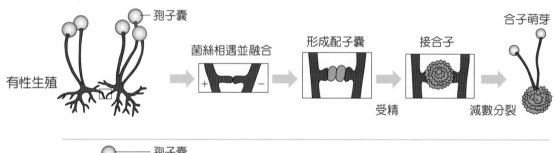

🐾 圖2.40　黑黴菌的生活史。

E. 半知菌

半知菌亦稱**不完全菌**，因其尚未發現行有性生殖，無法分類而以此稱呼。半知菌之無性生殖為產生分生孢子。例如橘子皮上常見的青黴菌，菌絲成熟時會生出分生孢子柄(conidiophores)，再由頂端形成分生孢子（圖2.41）。青黴菌中某些種類可提煉盤尼西林(Penicillin)等抗生素，在醫藥上有重要用途。另外用來製酒、釀造醬油之麴菌亦屬於此類。

🐾 圖2.41　腐爛橘子上的青黴菌是最常見的半知菌。

延·伸·閱·讀

病　毒

病毒(virus)在拉丁文裡是毒藥(poison)的意思。生物學家並未將病毒歸入五界，由於病毒缺乏細胞的所有構造，因此必須寄生在細胞中，否則無法進行代謝及繁殖。病毒是由核酸與蛋白質構成，可以感染活細胞。攻擊細菌的病毒稱為噬菌體。蛋白質外殼的尾部纖維與細菌的細胞壁接觸，其形狀稍微改變，然後其遺傳物質DNA被注入細菌之內。進入細胞後，病毒的DNA利用細菌的酵素開始進行複製病毒的DNA。感染後期，病毒的蛋白質外殼也被製造出，然後於細胞內開始組合完整的病毒粒子，最後細胞破裂，病毒被釋放入環境中。

有些病毒的遺傳物質並非是DNA而是RNA。這些含有RNA的病毒被稱為反轉錄病毒(retroviruses)，其進入寄主細胞後可利用反轉錄酶(reverse transcriptase)以單股RNA為模板製造出雙股DNA。此雙股DNA可插入寄主細胞的染色體中，隨著寄主細胞的染色體一起複製，例如引起愛滋病(AIDS)的人類免疫不全病毒(HIV)。

動物界

　　動物界可分為二大類，人類及貓、魚、蛙、鳥等具有脊椎骨來支撐身體的稱為**脊椎動物**，而其他不具脊椎骨的則稱為**無脊椎動物**。表2.8列出有關於動物分類的特徵。

✿ 表2.8　動物的分類

門	典型棲地	神經反應	消化方式	呼吸方式	循環系統	生殖方式
海綿動物	海水和淡水	成體無	襟細胞補食和胞內消化	細胞擴散	無	有性生殖與無性生殖
刺絲細胞動物	海水和淡水	神經網	一個開口的消化腔	細胞擴散	無	有性生殖與無性生殖（出芽生殖）
扁形動物	海水、淡水、寄生其他動物和陸地	神經叢	一個開口的消化腔	經由體表擴散	無	有性生殖與無性生殖
線形動物	海水、淡水、寄生其他動物和陸地	神經環和神經索腦和每節膨大的腹神經索	完整消化道	經由體表擴散	無	有性生殖
環節動物	海水、淡水和陸地	腦、神經節和神經索	完整消化道	經由體表擴散	閉鎖式	大部分有性生殖
軟體動物	海水、淡水和陸地	腦和每節膨大的腹神經索	完整消化道	鰓和肺	開放式，但頭足綱是閉鎖式	有性生殖
節肢動物	海水、淡水和陸地	在口周圍的神經	完整消化道	鰓和氣管系（書肺）	開放式	有性生殖
棘皮動物	海水	環和輻射狀神經	完整消化道	經由體表擴散	閉鎖式	有性生殖
脊索動物	海水、淡水和陸地	腦和一條中空背神經索	完整消化道	肺和鰓	閉鎖式	有性生殖

一、低等無脊椎動物

A. 海綿動物門：海綿

　　海綿動物的體制很簡單，為多細胞生物，但缺乏器官及特化的組織結構，其具有特殊的二種細胞，即**變形細胞**及鞭毛狀的**襟細胞**。襟細胞可以擺動使海綿體腔中的水流動，使水中微小食物被襟細胞攝入而消化。變形細胞可做變形運動，將襟細胞未消化完全的食物繼續消化，其殘渣則由出水口排出（圖2.42）。

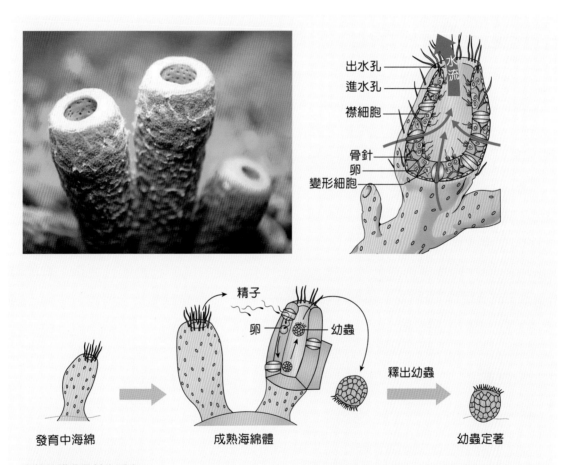

海綿的構造及其生活史：
海綿以襟細胞的鞭毛擾動水流，使水流流入進水口，水進入海綿體腔內再從出水口流出，此動作可使其得到呼吸及食物，碳酸鈣成分的針狀骨針則提供海綿支持骨架。
海綿動物可以無性生殖（出芽）或有性生殖的方式繁衍後代，在有性生殖方面，他種海綿的精子經由進水孔進入並在體內完成受精作用，合子在體內發育至多細胞的幼蟲，再游出體外尋找一適當的地點行固著作用後發育成初級的成體。

🐾 圖2.42　海綿動物門。

(a) 水母

(b) 海葵

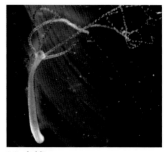
(c) 水螅

🐾 圖2.43　腔腸動物門。

B. 腔腸動物門：水母、水螅及海葵

　　最早有特化組織型式出現的一門動物，如水螅、海葵及水母，其體制為**輻射對稱**(radial symmetry)。缺乏消化道，僅有一簡單的**消化循環腔**(gastrovascular cavity)，食物由口攝入，消化後之殘渣仍由口排出。腔腸動物能利用其觸手內的**刺細胞**(nematocysts)麻痺或誘捕小魚蝦（圖2.43）。

　　隨著演化的進行，更進化的動物體制為**兩側對稱**(bilateral symmetry)，從身體的中心線切開，可形成兩對應的部分，如人類都有左右兩半形成的鏡像。經過演化後，有些感覺器官漸漸集中在前方，形成**頭化現象**(cephalization)，並逐步發育出腦部，而使兩側對稱的動物移動更有效率。兩側對稱的動物慢慢演化出**真體腔**(coelom)。最原始的動物為**無體腔**(acoelomates)，而真體腔動物的體內有一層充滿體液的腔室稱為**中胚層**(mesoderm)，此層隨後發育成腸繫膜，可讓位於此處的器官懸浮著；另外一類的體腔為**假體腔**(pseudocoelomates)，動物體內僅有一簡單體腔位於組織上，但並非中胚層發育而來。

C. 扁形動物門

　　此門具有消化、排泄、神經及生殖系統，同時出現頭部專化的現象，其感覺器官集中在身體前端而形成頭部，能感應外來刺激而迅速避開。本門中較著名有兩綱，即**吸蟲綱**與**條蟲綱**，其生活史複雜且大多為寄生者，會對人類產生嚴重傷害（圖2.44）。

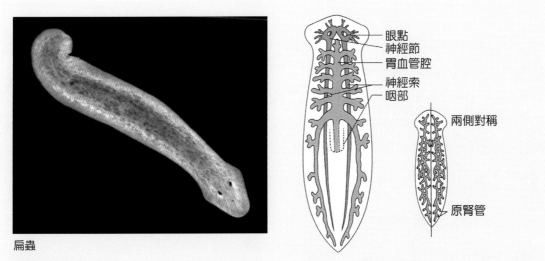

眼點
神經節
胃血管腔
神經索
咽部

兩側對稱

原腎管

扁蟲

扁蟲的構造及生活史

扁蟲(*Dugesia*)：消化循環腔具有一開口及數條盲端的分支囊，口部則位於咽末端，可取食位於腹面之食物。有兩條神經索縱貫全身，並於腦部會合而成神經節，原始構造的眼點僅可測知光線及影子功能，排泄則由原腎管負責，可保持水含量的平衡，此外，扁蟲如其他高等生物一般，具有兩側對稱的體制。

扁蟲的生活史以中華肝吸蟲(clonorchis)為例，長度1.2公分，可寄生於人體肝臟或任何食肉的哺乳類動物體中，藉由吸取血液及組織維生，受精卵隨糞便排出，這些卵若被淡水蝸牛類食入，則在其體中孵化。幼蟲行無性生殖，可孵化上千個囊尾幼蟲，這些幼蟲脫離蝸牛後，改以魚類為寄生對象，此時幼蟲開始變態，若人類誤食含有幼蟲的生魚，即進入小腸並游移入肝中，存活時間可長達30年。

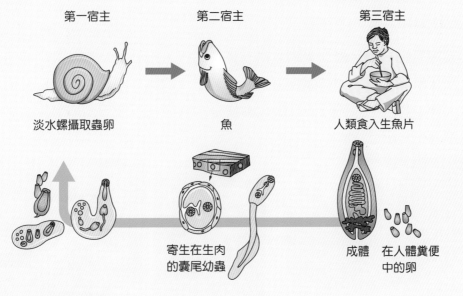

第一宿主　　　　　　　第二宿主　　　　　　　第三宿主

淡水螺攝取蟲卵　　　　　魚　　　　　　人類食入生魚片

寄生在生肉　　　　　成體　　在人體糞便
的囊尾幼蟲　　　　　　　　　中的卵

🐾 圖2.44　扁形動物門。

D. 線形動物門

本門亦稱圓形動物，如線蟲、蛔蟲、蟯蟲、旋毛蟲、鉤蟲等（圖2.45），其消化道有口及肛門兩個開口。其分布廣及淡水、海水及土壤中。如旋毛蟲會導致病人無力、衰弱、疼痛等症狀，因此食入生肉或未煮熟的豬肉都有可能感染此病。

二、高等無脊椎動物

A. 軟體動物門：蝸牛、蛤、烏賊

軟體動物門的元祖構造經由演化後已分為數支現生的種類。其消化道是一中空的管子，發育出口及肛門，心臟壓出血液經由開放循環方式供給內臟器官營養，一張柔軟的外套膜包住部分身體，並緊貼於外殼，是最先發育出堅硬外殼的動物，可防止獵捕者的攻擊，並成功的登上陸地，本門動物種類繁多，可分成以下數綱：

1. **石鱉－多板綱**：石鱉是寒武紀時代就存在的軟體動物（圖2.46），藉由成排的齒舌刮取藻類為食。

2. **蝸牛及海蛞蝓－腹足綱**：本綱包括有外殼的蝸牛類動物及無外殼的海蛞蝓類動物。腹足綱顧名思義即其運動方式是以其肥大的腹面肉足而行，取食則以齒舌為之（圖2.47），大部分的腹足類動物是草食者，以齒舌刮取附生在岩石表面的藻類為生。

✿ 圖2.45 (a)雌性蛔蟲構造圖；(b)雄性蛔蟲體型較雌蟲小，且尾端向負面彎曲。

✿ 圖2.46 石鱉。

✿ 圖2.47 蝸牛與海蛞蝓。

3. **蛤、牡蠣、海扇蛤－雙殼綱**：本綱動物乃具有兩片可閉合的外殼，且具有強而有力的閉殼肌，可使兩片外殼緊緊閉合，絕大部分的雙殼綱動物是濾食性的，牠們以梳狀鰓濾食浮游生物（圖2.48）。

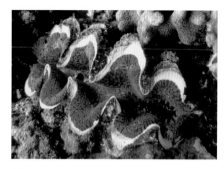

🐾 圖2.48　硨磲貝，濾食性的大型貝類，外套膜中有藻類與之共生。

4. **章魚、烏賊及鸚鵡螺－頭足綱**：本綱的生物是最古老的軟體動物，如鸚鵡螺至今仍存活於海洋中，它們具有較進化的神經系統，具有氣室、可快速游動、主動積極而成為海洋中的捕食者，章魚更是所有無脊椎動物中智商最高的，能學習一些複雜的工作，其眼睛也是最進化的，與人類的眼睛一樣可觀察周遭環境的變化（圖2.49）。

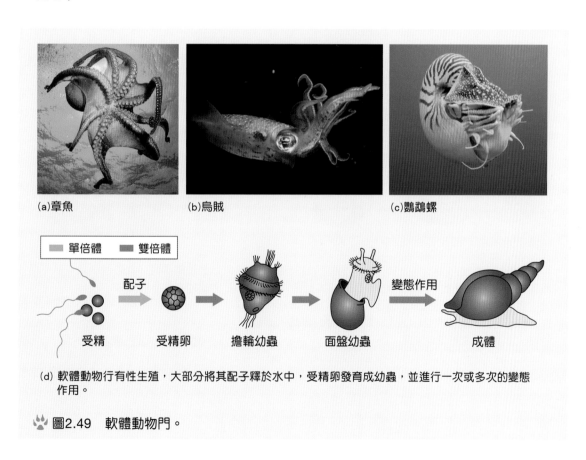

(a)章魚　　　　　　(b)烏賊　　　　　　(c)鸚鵡螺

■ 單倍體　　■ 雙倍體

配子　　　　　受精　　　　　擔輪幼蟲　　　　面盤幼蟲　　變態作用

受精　　　　　受精卵　　　　擔輪幼蟲　　　　面盤幼蟲　　　　成體

(d) 軟體動物行有性生殖，大部分將其配子釋於水中，受精卵發育成幼蟲，並進行一次或多次的變態作用。

🐾 圖2.49　軟體動物門。

B. 環節動物門：蚯蚓、水蛭

此門生物的身體有分節，且會生出剛毛，水生種的剛毛則有鰓的功能（圖 2.50）。環節動物的每節體腔以**隔板**(septa)分開，此封閉的體節靠著肌肉的收縮，以及液體的力量所形成的靜液骨骼系統，使身體得以運動。

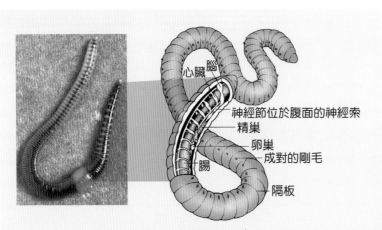

心臟
腦
神經節位於腹面的神經索
精巢
卵巢
成對的剛毛
腸
隔板

蚯蚓的每一體節由隔板分開，均有獨立的腔室，絕大部分的體節都有心臟、血管及神經的分布

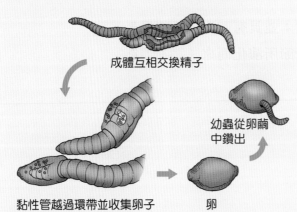

成體互相交換精子

幼蟲從卵繭中鑽出

黏性管越過環帶並收集卵子　卵

環節動物以有性生殖繁衍下一代，以陸生的蚯蚓為例，雌雄同體但行異體受精，交配時牠們互相交換精子，交配後，蟲體彼此分離並同時釋出卵子及儲存的精子，此時環帶會分泌黏液以保護交換的精子，黏性管變成卵繭，這些受精卵在卵繭中直接育為成蟲。

水蛭是寄生性，以吸取魚類及哺乳類動物的血液為主

🐾 圖2.50　環節動物門。

C. 節肢動物門

節肢動物是目前種類數目最多的一門生物，目前有記錄的節肢動物約在800,000~900,000種之間。現今存在的節肢動物的體制仍保有其祖先—**三葉蟲**(trilobites)—的一些特徵。每個節肢動物的體節均有一對附肢，因此才有「節肢」之稱。經過長時間的演化，附肢也隨之消失或特化出某些特別的功能，如特化成口部的構造可咀嚼，特化出泳足、步足可游泳及運動，此外，也特化出強而有力的螯肢，可抓住並撕裂獵物。

所有的節肢動物都有一個堅硬的骨骼，稱為**外骨骼**，與附肢及體節相連以利運動，它的成分是幾丁質。外骨骼的功用如保護身體、支持及肌肉附著、防止水分的蒸散等。外骨骼會限制生物的成長，所有的節肢動物需要將舊殼脫去，換上新殼以利成長，此過程稱為**蛻皮**(molting)。節肢動物構造精緻的複眼可辨別顏色，足部的感覺毛及觸角能偵測出食物的微弱味道。

1. **蠍子、蜘蛛—鋏角亞門**：本亞門的動物都有一對堅硬的**鋏角**(chelicerae)所形成的口部，通常特化為毒牙或利剪；並具有四對足，與昆蟲所具有的三對足有所不同；且都擁有由第二或第三體節所演化而來（第一體節特化為螯肢）的**大顎**(mandible)（圖2.51）。

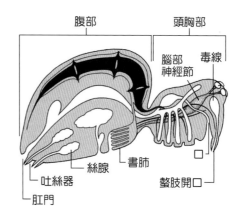

🐾 圖2.51　一隻典型的蜘蛛，其剖面圖可分為「頭胸部」及腹部的體節，蛛形綱的神經系統有一條大的腦神經節及複眼，蜘蛛網或其他的陷阱是由稱為絲腺的器官所製造，其呼吸是靠著許多像書頁褶疊並充滿血液的囊袋擔任，因其構造很像書頁，因此特稱為書肺，蜘蛛在獲取獵物時並非整隻吞下，而是將其毒腺所製造的消化酵素注入獵物並吸取牠的體液為食。

現生的鋏角亞門動物－鱟（Limulus，另有人稱馬蹄蟹或國王蟹），它們的幼體期與絕種的**三葉蟲**(trilobites)十分神似（圖2.52）。陸上的蠍子以其尾部的毒針攻擊獵物，多生存於熱帶沙漠地區。蜘蛛是生態上很重要的捕食者，特別是對於昆蟲。

2. **蝦、蟹、龍蝦－甲殼亞門**：包括蝦、蟹、龍蝦、橈腳類動物及藤壺（圖2.53），主要生活在海洋，是水生性的甲殼類動物，食性包括碎食性、腐食性、肉食性、草食性或雜食性等。許多如橈腳類、小蝦類的甲殼類動物，生活在淡水、海水，也是構成浮游動物的重要成員之一，更是水域生態系食物鏈中的重要一環。體型較大的甲殼類動物如龍蝦或蟹類，雖有幼小的浮游幼體期，但較大後會沉降至海底，過著底棲爬行生活。

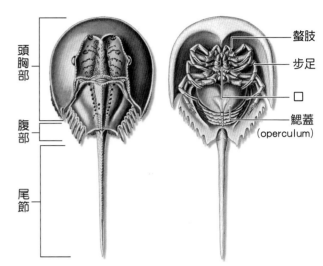

🐾 圖2.52 鱟又稱馬蹄蟹，是目前最接近化石種的現生鋏角動物，也是第一個有硬殼保護的動物。

🐾 圖2.53 龍蝦為甲殼類，附肢特化出許多功能，以有性生殖方式繁衍下一代，從卵孵化為成體須經由四次的浮游幼體變態，才漸次變態成為底棲的龍蝦。附肢特化出許多功能。

3. **蜈蚣、馬陸及昆蟲－單肢亞門**：蜈蚣、馬陸是最早出現的單肢亞門及有化石記錄的生物（圖2.54）。現生的蜈蚣是肉食性動物，其第一對步足已發展為有毒的尖牙；馬陸則以腐爛的植物體為食，因此為腐食性動物。

4. **昆蟲－昆蟲綱（單肢亞門）**：昆蟲的身體可以明顯區分為頭部、胸部及腹部（圖2.55）。頭部具有各種感覺及攝食相關構造。胸部主司運動，有二對翅（亦有一對或無翅者）及三對足。腹部則藏有各種內臟，形成各種內臟系統，

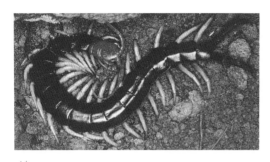

🐾 圖2.54 (a)蜈蚣，每個體節有一對足；(b)馬陸，每個體節有二對足，為草食動物。

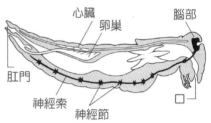

🐾 圖2.55 典型的昆蟲－蝗蟲之內外部特徵。

在最末端的體節並特化為交尾器以利交配。昆蟲的演化與適應的能力與其共生的動物及開花植物是同等成功的。

D. 棘皮動物門：海星、海參、海百合

絕大部分的棘皮動物門為輻射對稱，但其幼生時為兩側對稱，全部為海生（圖2.56）。此門生物的最大特徵為獨特的**水管系統**(water-vascular system)，利用**管足**(tube-feet)的構造連接肌肉，管足內充滿液體而產生靜液壓使身體前進，此力量有助於捕捉貝類，並打開強而有力的閉殼肌取食。

(a)   (b)   (c)

🐾 圖2.56 現生的棘皮動物：(a)海參為碎食者；(b)海膽以刮取岩石上附生的藻類為食；(c)圖中海星試圖以管足打開雙枚貝取食。

三、脊椎動物的起源

　　脊索動物門是動物界中最高等的門，其中人類及鳥、魚、獸類皆隸屬此門。脊索動物門又可分為三個亞門，即**脊椎動物亞門**、**頭索動物亞門**與**尾索動物亞門**。多數動物皆屬於脊椎動物亞門，其具有支持作用的脊椎骨，而另外兩個亞門則不具有脊椎骨。脊索動物之間的演化關係如圖2.57所示。

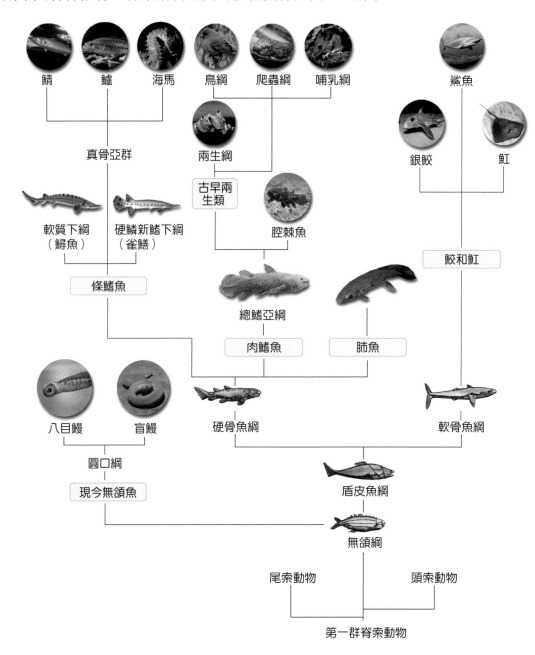

🐾 圖2.57　脊椎動物的演化樹。

A. 特 徵

　　頭索動物亞門、尾索動物亞門及脊椎動物亞門因具有下列的共同特徵，因而同被歸於脊索動物門：

1. 在消化道的背面有一條中空管狀構造的神經索。

2. 介於消化道與神經索之間有一條脊索。

3. 在消化道的上方具有鰓裂。

B. 分 類

1. **頭索動物亞門─文昌魚**：文昌魚的外形很像魚類，牠們在沿海以大陸棚的沙地或泥地挖洞潛藏行濾食生活為主（圖2.58）。文昌魚有許多的特徵與「蝌蚪」狀的被囊類幼體期相似，但牠們具有較進步的構造，如脊索兩側的肌肉分節現象，其游動時也像大部分的魚類一樣，利用身體的上下擺動使其前進，但由於文昌魚缺乏魚鰭，因此常無法控制方向。

2. **尾索動物亞門─被囊類**：本亞門的代表是**被囊類**。行固著濾食方式生活，而其幼生階段長得像蝌蚪，以其尾部游泳。經過變態之後，這些幼生逐漸成熟且定著一處，在成體時，脊索及大部分神經索均退化消失（圖2.59）。

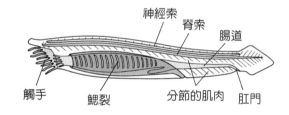

🐾 圖2.58　文昌魚是一構造簡單、濾食生活的脊索動物，由於拙於游泳，大部分時間都埋於沙泥中。

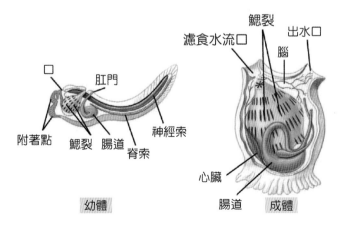

🐾 圖2.59　尾索動物亞門：被囊類。

脊椎動物

本亞門生物大多有相似的結構，比如脊椎骨、四肢、頭部、神經、消化系統等。魚類是最早出現的脊椎動物，包括三個綱：**圓口綱**、**軟骨魚綱**、**硬骨魚綱**，以及已經滅絕的**盾皮魚綱**。

一、圓口綱：八目鰻及盲鰻

本綱均無上下頜，無法張口獵食，因此亦稱為**無頜魚類**，目前只剩兩群即**八目鰻**及**盲鰻**（圖2.60）。八目鰻生活於海洋或湖泊中，行寄生，有一個吸盤狀的口盤，內有似齒的角質板，可刺吮獵物的血液。幼體為粉紅色、蠕蟲狀，以濾食藻類或碎屑為食，經變態後成為成魚。盲鰻皆為海生、喜食腐肉，以魚類及脊椎動物的死屍為食。

| (a) | (b) | (c) |

😾 圖2.60　(a)盲鰻；(b)八目鰻吸附在活魚上；(c)八目鰻的角狀齒可鑽入肌肉。

二、軟骨魚綱

本綱代表的例子為鯊、魟、鰩、銀鮫（圖2.61）。鯊因缺乏真的硬骨及運用自如的鰭，被稱為原始魚。生物學家使用原始魚的意思，只是強調其骨質在演化上的順序，並非表示其簡單或適應環境差。實際上，鯊具有絕佳視力及敏銳的嗅覺。魟及鰩是底棲者，具有扁平的牙齒來壓碎無脊椎動物，電鰩具有200伏特的電力，可電昏獵物。銀鮫因其具有細長的尾巴，使其狀似老鼠，故俗稱老鼠魚，其毒腺位於背鰭前方，可麻痺獵物。

三、硬骨魚綱

硬骨魚類可能是在泥盆紀之初由盾皮魚演化而來。硬骨魚類之後演化出兩條主要路線，即**條鰭魚亞綱**—再演化為現代的硬骨魚，及**肉鰭魚亞綱**—是陸上脊椎動物的祖先（圖2.62）。

(a)

(b)

🐾 圖2.61　(a)豹魟；(b)鯊魚有發展完好的軟骨架，不須以真骨的重量來提供內部支撐，鰭包括兩大胸鰭，一對較小的臀鰭，具特徵性之背鰭，以及宛如鐮刀狀之尾鰭。

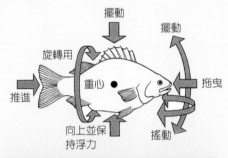

透過水之類的二度空間媒介行動不是件易事。為了有效捕獲獵物，魚必須像飛機的駕駛一般能控制翻滾及搖擺。早期魚類的單鰭僅具有基本的操控能力，較進化魚類的雙鰭可使牠們得以精確的行動。

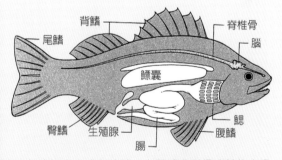

解剖：具放射狀鰭的魚類有三到四不成對的鰭和二組高活動力成對的鰭。左圖鱸魚科很清楚的表現出高活動力，魚類結構隨生態特殊化而有很大的不同。肉食性魚有尖銳牙齒的顎和短的消化道。草食性魚有著已特殊化且用以磨碎食物的顎和消化植物組織的長腸子。

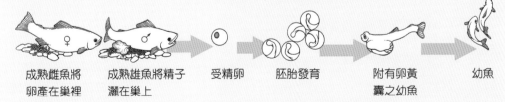

生命週期：多數魚類為雌、雄異體，行體外受精，卵孵化成自由活動之幼魚。但也有很多種類行體內受精，再生出小魚。

🐾 圖2.62　硬骨魚綱。

A. 條鰭魚亞綱

泥盆紀時期條鰭魚類只有一些原始的種類，如長嘴硬鱗魚(gars)及鱘魚(sturgeons)等，二億年後條鰭魚類發展出近30,000種，如吳郭魚、金魚、鯉魚等皆屬之。條鰭魚類利用各種高度機動性的鰭使其行動快速，以方便獵食、避敵及躲藏。

B. 肉鰭魚亞綱

腔棘魚(coelacanth)是目前仍存活，具「活化石」之稱的肉鰭魚類（圖2.63）。腔棘魚以肥厚的四個肉鰭抵地爬行，過去認為這類魚早已絕跡。在1938年，於非洲與馬達加斯加島之間的深海，被意外撈獲，以X光照射其肉鰭時，發現支持肉鰭的骨骼與其他陸生四足動物是一樣的構造，因此腔棘魚的發現，為附肢演化史添了一筆有力證據。

四、兩生綱：青蛙、蟾蜍及蠑螈

兩生類是登陸生活的脊椎動物，由肉鰭魚演化而來。但如同首先登陸的植物—苔蘚一樣，兩生類亦未能完全適應陸地生活。例如牠們雖有肺，但其肺之構造簡單、呼吸面積小，因此尚須藉助其薄而濕潤的皮膚來幫助呼吸。兩生類生殖的過程亦需在水中進行，其卵和精子在水中完成受精過程，受精卵亦需在水中孵化（圖2.64）。

🐾 圖2.63　腔棘魚，為肉鰭魚類的一種，過去被認為已經絕跡，但在1938年意外的在非洲海域被捕獲。

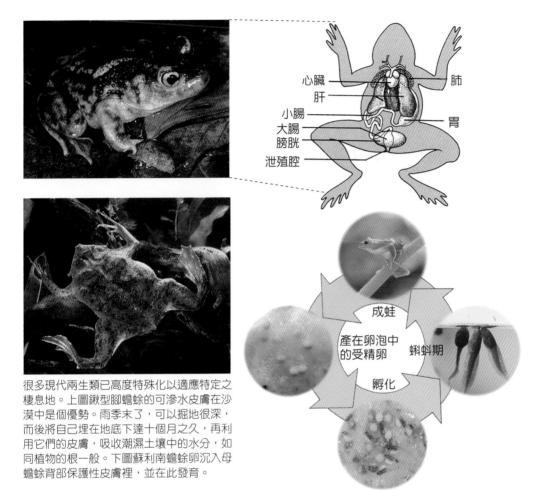

心臟
肝
小腸
大腸
膀胱
泄殖腔
肺
胃

成蛙
產在卵泡中
的受精卵　　蝌蚪期
孵化

很多現代兩生類已高度特殊化以適應特定之棲息地。上圖鍬型腳蟾蜍的可滲水皮膚在沙漠中是個優勢。雨季末了，可以掘地很深，而後將自己埋在地底下達十個月之久，再利用它們的皮膚，吸收潮濕土壤中的水分，如同植物的根一般。下圖蘇利南蟾蜍卵沉入母蟾蜍背部保護性皮膚裡，並在此發育。

🐾 圖2.64　兩生綱：青蛙、蟾蜍及蠑螈。

五、爬蟲綱：蜥蜴、蛇、烏龜、鱷魚

　　爬蟲類是完全陸生的脊椎動物，由兩生類演化而來，體表的鱗片可防止乾燥、脫水，有保護作用，其**羊膜卵**(amniotic egg)的構造也是為了要適應陸地生活，這種卵是爬蟲類、鳥類和哺乳類的特徵，其石灰質的外殼提供發育中胚胎的安全，防止機械性的摩擦，但仍可讓氧、二氧化碳及水蒸氣通過。

　　爬蟲類主要演化成四支，分別是**鱷魚、烏龜、蛇及蜥蜴**，種類約有6,000種，大多生活於熱帶地區，牠們屬於冷血動物，在環境不良時必須冬眠（圖2.65）。

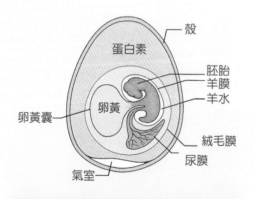

羊膜卵在爬蟲類和鳥類中可以看到。它可以保護胚胎不致乾燥，也可以在堅韌或易碎的蛋殼內行營養、呼吸、排泄等作用，但卻是多孔的，殼內有三層保護膜：羊膜、絨毛膜、尿膜。

爬蟲類有鬣蜥蜴（下左）、鱷魚（上右）和蛇類（下右）。

🐾 圖2.65　爬蟲綱：爬蟲。

六、鳥　綱

　　鳥類是在中生代的侏儸紀時由爬蟲類演化而來，翼由前肢變成，羽毛則由鱗片演化而成（圖2.66）。羽毛除了飛行外亦可保護身體，減少水分和體溫散失。鳥類的身體呈流線形，骨骼輕但堅固，獨特的肺使牠們迅速獲得足夠的氧以供應飛行中肌肉需要的大量氧氣。由於演化的適應，有些鳥不會飛，如企鵝之翼短小呈鰭狀，用以游泳；駝鳥的翼退化，但腿甚強壯，擅於奔跑。

🐾 圖2.66　鳥綱：鳥。三種代表性鳥類：駝鳥（左）以跑步取代飛翔來移動；褐鵜鶘（中）；獵鷹（右）則是卓越的飛行掠食者。

🐾 圖2.67　經由長期的隔離演化，在不同的陸地上發現沒有親緣關係卻外貌相似的動物，左圖為澳洲負鼠，右圖則為一般森鼠，一為有袋類，一為胎盤類，但兩者的棲地及行為卻有高度的相似性。

七、哺乳綱

　　哺乳類在中生代時由爬蟲類演化而來，最顯著的特徵即雌性具有能產生乳汁的乳腺，幼兒出生後由母體以哺乳養育數週至數年之久。哺乳類動物除了哺乳的特徵外，具有四腔室（二心房及二心室）的心臟，為恆溫動物。動物界中，哺乳類動物的神經系統是發展最好的。哺乳類動物早期祖先被隔離在不同的陸地上，例如在北美洲、南美洲及澳洲。藉著趨同演化產生了沒有親緣關係，外貌卻很相似的動物（圖2.67）。

A. 卵生哺乳類

　　以**鴨嘴獸**和**針鼴**為代表。牠們會將卵產於腹袋內或巢中，當卵孵化後才餵乳給幼兒。鴨嘴獸長相奇特，足有蹼可游泳，捕食水中無脊椎動物為食（圖2.68）。針鼴則在陸地上到處遊走，以長而黏的舌捕食蟻類為生（圖2.69）。

🐾 圖2.68　鴨嘴獸。

🐾 圖2.69　針鼴。

B. 有袋哺乳類

目前有袋類僅見於澳洲及南美洲，如澳洲的袋鼠、袋熊、袋狼、無尾熊及南美洲的負子鼠等。有袋類雖然不產卵，但其胚胎在母體子宮內只發育極短的時間。有袋類幼兒出生後，會在母親腹部的袋子裏，並於袋中將嘴吸附於乳頭上。幼兒持續留在袋內直到其成長可以過獨立的生活為止。

C. 胎盤哺乳類

胎盤哺乳類動物種類眾多，如貓、狗、牛、羊、獅、虎等，當然也包括人類在內。**胎盤**是胚胎和母體子宮壁間物質溝通的橋樑，胎兒可經由胎盤自母體獲得氧和養分，而產生的廢物也經由胎盤傳至母體，胎兒在母體中發育成熟才產出。

一、是非題

1. 酵素可以加快反應速率，並且可以改變反應方向。

2. 細胞是生命的最小構造功能單位。

3. 生物體內的細胞，使用ATP作為能量貯存與轉移的工具。

4. 目前所知最小的細胞，是一種叫做黴漿菌(mycoplasma)的細菌。

5. 「細胞學說」中，所有生物都是由細菌所組成。

二、選擇題

1. 下列何者參與蛋白質的合成？　(a)溶小體　(b)核糖體　(c)分泌小泡　(d)液泡。

2. 高爾基體直接參與　(a)多胜肽合成　(b)核糖體之生產　(c)DNA複製　(d)蛋白質之化學修飾。

3. 能通過細胞膜的分子為：　(a)只有水分子　(b)小型之非極性分子及水分子　(c)小型之極性分子　(d)小型之帶電荷分子。

4. 葡萄糖進入紅血球細胞是下列何者的例子？　(a)簡單擴散　(b)促進性擴散　(c)主動運輸　(d)胞飲作用。

5. 若將細胞放在對其細胞質來說是高張的溶液中，則水之淨移動是：　(a)進出細胞膜的兩個方向是平衡的　(b)自周圍溶液進入細胞中　(c)自細胞質進入周圍溶液中　(d)進入細胞核。

6. 以下何種關於DNA複製的敘述是對的？　(a)在間期發生　(b)在有絲分裂之中發生　(c)僅出現於真核細胞　(d)屬於細胞質分裂的一部分。

7. 細胞質分裂時會出現細胞板的細胞是：　(a)植物細胞　(b)動物細胞　(c)動植物細胞皆是　(d)動植物細胞皆非。

8. 在有絲分裂過程中，最容易觀察染色體的形狀是在何期？　(a)前期　(b)中期　(c)後期　(d)末期。

9. 下列何者為多醣？　(a)纖維素　(b)葡萄糖　(c)血紅素　(d)甘胺酸。

10. 五界系統根據____和____將生物分類。　(a)植物；動物　(b)細胞組織；營養類型　(c)生化差異；營養供給（攝取作用）　(d)光合作用的；異營的特徵。

11. 以下何種關於酵素的敘述是錯的？　(a)大多數的酵素可催化許多反應　(b)酵素降低化學反應的活化能　(c)酵素將受質暫時結合在活化位置　(d)酵素通常是蛋白質。

12. 細胞膜的主要成分為：　(a)蛋白質　(b)磷脂質　(c)蛋白質及磷脂質　(d)以上皆非。

13. 細胞內製造ATP的胞器是指：　(a)內質網　(b)高爾基體　(c)粒線體　(d)溶小體。

14. 已合成之蛋白質及脂質在下列何種胞器內進行濃縮加工及包裝的過程？　(a)平滑內質網　(b)高爾基體　(c)溶小體　(d)核糖體。

15. 細胞的胞器中內含有DNA的是：　(a)細胞核及粒線體　(b)粒線體及高爾基體　(c)高爾基體及內質網　(d)內質網及細胞核。

16. 將紅血球置於0.9% NaCl的溶液中，則紅血球將會　(a)膨脹　(b)縮小　(c)維持正常形狀　(d)溶血。

17. 物質利用其在細胞膜內外的濃度差異而進行交換的是：　(a)擴散作用　(b)吞噬作用　(c)胞飲作用　(d)過濾作用。

18. 主要由微小管參與形成的結構不包括　(a)微絨毛　(b)纖毛　(c)紡錘絲　(d)鞭毛。

19. 可自我複製並且具有去氧核糖核酸(DNA)的胞器是：　(a)高爾基體　(b)粒線體　(c)核糖體　(d)溶小體。

20. 下列何者不屬於細胞骨架？　(a)微小管　(b)網狀纖維　(c)中間絲　(d)微絲。

21. 哪一群細菌是在古細菌門中？　(a)產生甲烷氣體的細菌　(b)具有異型細胞的細菌　(c)能固氮的細菌　(d)生活在氧氣狀況的細菌。

22. 非洲昏睡病是由哪一類型的原生生物所引起的疾病？　(a)黏菌　(b)孢子蟲　(c)鞭毛蟲　(d)肉足蟲。

23. 關於真菌之敘述，何者錯誤？　(a)大部分為多細胞生物　(b)為自營性生物　(c)酵母菌屬於子囊菌門　(d)蕈類為可食性真菌。

24. 海綿動物門的生物有別於其他多細胞生物，乃因？　(a)只能行無性生殖　(b)有複雜的體制　(c)不能行有性生殖　(d)缺乏器官及組織。

25. 下列何者是輻射對稱的生物？　(a)扁蟲　(b)海綿　(c)海星　(d)蝴蝶。

26. 下列何者有「刺細胞」做為自衛及捕食的工具？　(a)海綿　(b)蚯蚓　(c)水母　(d)海膽。

27. 下列何者有獨特的「水管系統」可助其運動？　(a)水蛭　(b)蝦　(c)文昌魚　(d)海星。

28. 下列哪一項不是哺乳類的特徵？ (a)外溫的 (b)有體毛 (c)生育幼兒 (d)養育幼兒。

29. 下列何者為卵生哺乳類？ (a)蠑螈 (b)針鼴 (c)袋鼠 (d)食蟻獸。

30. 下列哪種魚不具上、下頜？ (a)鯊 (b)八目鰻 (c)鰻 (d)魟。

31. 下列何者可用皮膚幫助呼吸？ (a)青蛙 (b)鯉魚 (c)蛇 (d)鰻。

32. 下列敘述何者錯誤？ (a)鯉魚為硬骨魚 (b)哺乳類由鳥類演化而來 (c)蠑螈為有尾之兩生類 (d)鳥之骨骼堅固但輕盈。

三、配合題

1. 粒線體
2. 細胞膜
3. 溶小體
4. 高基氏體
5. 平滑內質網
6. 細胞核
7. 葉綠體
8. 粗糙內質網
9. 細胞骨骼（架）
10. 核醣體

a. 合成類固醇與解毒
b. 殺菌及自體溶解
c. 製造蛋白質
d. 行光合作用
e. 選擇性通透
f. 修飾蛋白質及形成分泌小泡
g. 製造ATP
h. 運輸蛋白質
i. 支持與運動
j. 遺傳控制中心

四、填充題

1. 減數分裂過程中，其細胞染色體複製（　　　　）次，而細胞分裂則發生（　　　　）次。

2. 同源染色體配對排列稱為（　　　　），此同源染色體的四個染色體稱為（　　　　）。

3. 間期分成（　　　　）、（　　　　）、（　　　　）等三時期。

4. DNA合成期就是細胞週期中的（　　　　）。

5. 原核細胞的細胞分裂相當簡單，將細胞一分為二。故常被稱為（　　　　），如細菌置於養分豐富的環境下，每（　　　　）分鐘便能以二分法分裂一次。

6. （　　　　）是藻類和真菌的共生。

7. Penicillin是由何種黴菌提煉而來：（　　　　）。

8. 人類的體制是屬於（　　　　　）對稱。

9. 軟體動物門的（　　　　　）綱是最古老的軟體動物。

10. 硬骨魚類可能是在泥盆紀之初由盾皮魚演化而來。硬骨魚類之後演變出兩條主要路線，即（　　　　　）亞綱－－再演化為現代的硬骨魚，及（　　　　　）亞綱－－是陸上脊椎動物的祖先。

11. （　　　　　）的構造也是為了要適應陸地生活，這種卵是爬蟲類、鳥類和哺乳類的特徵。

你答對了嗎？ 一、 是非題：×○○○×

二、 選擇題：bdbbc　aabad　accba　caabb　acbdc　cdabb　ab

三、 配合題：gebfa　jdhic

四、 填充題：1、2、聯會、四合體、G1、S期、G2、S期、二分法、20、地衣、青黴菌、兩側、頭足、條鰭魚、肉鰭魚、羊膜卵

 MEMO

BIOLOGY

CHAPTER

03

植 物

植物能自行利用光合作用將光的能量轉化為其他生物可利用的能量儲存，將簡單的無機物轉變成有機物，可以說是地球上所有生命形式中真正獨立的生物。對人類而言，大部分的食物也都是來自植物，如主食－稻、麥，和其他蔬菜類與水果類，而即使是動物類產品，也都是仰賴植物而來。

本章討論內容將包含：植物界、植物的組織、植物的營養器官與功能、植物的生殖器官與功能。

3-1 植物界

亞里斯多德依據生物會不會移動，將生物區分成植物（不會移動的）和動物（會移動去獲取食物）兩種。林奈(Carl von Linné，1707-1778)，則將生物分成了植物界和動物界兩界。後來，在人們逐漸了解生物的構造與特徵後，逐漸對過去原本定義的植物界做了一些修正，將真菌和數種藻類另外獨立出來。真菌不再被認為是植物，因為真菌不行光合作用，而是經由腐化、吸收周圍物質的過程來獲取食物，屬於腐生生物，因此，真菌被獨立劃分成**真菌界**。藻類是由數種可以經由光合作用產生能量的不同類群生物所組成的，但大多數的藻類並不被歸類在植物界，而是被歸類在**原生生物界**裡。

某些植物是由綠藻（綠藻門）演化而來的，植物界中的藻類通常是指此一類群。除了部分的綠藻例外之外，大部分的綠藻其細胞壁都含有纖維素和含有葉綠素a與葉綠素b的葉綠體，並且以澱粉的方式來儲存食物。

植物是一群多細胞生物，具有纖維質的細胞壁，大多數都含有葉綠體，可以行光合作用，自行製造養分，且都有世代交替的現象。本文依演化的先後，將植物簡單分為無維管束植物－藻類、苔蘚植物，和維管束植物－蕨類植物、裸子植物和被子植物，分述如下（表3.1）。

🐾 表3.1　植物的分類

無維管束植物	低等維管束植物	維管束植物		
孢子植物		種子植物		
苔蘚植物	蕨類植物	裸子植物	被子植物（開花植物）	
			單子葉植物	雙子葉植物
1. 最早出現在陸地上的陸生植物 2. 外表演化出角質層，以防水分散失 3. 植物的個體都很小 4. 生長在潮濕的地方	1. 以孢子繁殖 2. 生長在潮濕的環境	1. 產生種子 2. 種子裸露	1. 產生種子 2. 種子包藏於果實內	
			根　鬚根	軸根
			莖　維管束散生	維管束輪生
			葉　葉脈平行脈	葉脈網狀脈
			花瓣　三或三的倍數	四、五，或其倍數
			種子　一枚子葉	二枚子葉
地錢	土馬鬃	筆筒樹、小毛蕨	松、杉、柏、紅檜、蘇鐵	百合科、禾本科　朱槿、榕樹

孢子體占優勢

配子體占優勢

世代交替

　　世代交替(alternation of generation)（圖3.1）是指生物的生殖過程中，有性生殖與無性繁殖相互的交替。在所有植物的生殖週期中，會有配子體（單套染色體 n）和孢子體（雙套染色體2n）交互出現的現象，其中，配子體可經有絲分裂產生雄配子（精n）和雌配子（卵n），兩配子結合（受精）即形成雙套染色體的合子(2n)，並經成長成為孢子體，孢子體成熟後再經減數分裂產生單套染色體之孢子(n)，再由孢子發育配子體，如此反覆循環不已。如蕨類植物的孢子體就是我們平日所見的植株，孢子體藉由孢子行無性繁殖，孢子成長成為配子體，配子體能產生精子、卵子，再經受精行有性繁殖，這種經由無性世代、有性世代相互交替完成稱為世代交替。

　　孢子體和配子體間與植物的演化有密切關聯，愈原始的植物，其配子體在生活史中占優勢；愈高等的植物，其孢子體在生活史中占優勢。如較低等的植物－苔蘚類，具顯著的配子體世代；較高等的植物－蕨類、裸子植物、被子植物則具顯著的孢子體世代。例如一棵榕樹，我們所看見的植株就是孢子體，

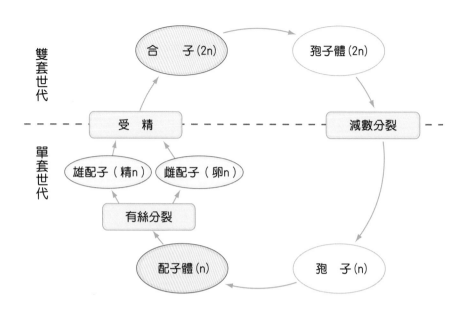

雙套世代 ── 合　子 (2n) ── 孢子體 (2n)

受　精 ── 減數分裂

單套世代 ── 雄配子（精n）── 雌配子（卵n）

有絲分裂

配子體 (n) ── 孢　子 (n)

🐾 圖3.1　世代交替。

是較明顯且具優勢的形態，而榕樹的配子體只有幾枚細胞的大小；又如我們平常所見苔蘚植物的綠色葉，其實是苔蘚植物的配子體，是較明顯且具優勢的形態。

無維管束植物─藻類、苔蘚類

目前植物學家依據維管束的有、無，將植物分為兩大類，其中不具有維管束的植物稱為**無維管束植物**(nonvascular plants)，具有維管束的植物則稱為**維管束植物**(vascular plants)。

維管束(vascular tissues)是植物構造中的一種組織，可以用來運送水分和養分，藉由這種特化的組織，植物能將水分與養分輸送至植物體的各個部位。無維管束植物因為不具有維管束組織，所以沒有真正的根、莖、葉。

一、藻類

藻類是一群大小形狀相當分歧的植物。如有些單細胞藻類很小，需要用顯微鏡才能看見，而有些海藻很大，可以長到數十公尺長。由於藻類在演化史上是屬於較低等的植物，其有性生殖必須靠水才能順利完成，所以藻類必須生活在水中或潮濕的土壤中。

藻類為最低等的植物，體內除了含有葉綠素、類胡蘿蔔素外，可以依其所含不同的色素，而分為綠藻、褐藻及紅藻。

A. 綠藻－綠藻門(Chlorophyta)

綠藻的體內色素以葉綠素為主，呈現綠色。大多數綠藻生活在淡水中，提供水中生物最基本的食物來源，在食物鏈中扮演初級生產者的角色。

許多學者認為現今苔蘚植物和維管束植物是由綠藻演化而來，因為綠藻含有葉綠素a、b，能行光合作用，在細胞壁中含有纖維素，且能以澱粉的形式貯存碳水化合物，這些特徵都與苔蘚植物和維管束植物相同。

綠藻可行無性生殖及有性生殖。無性生殖可經由有絲分裂產生孢子，有性生殖則可產生配子。另外，如水綿等種類則可行接合生殖，細胞直接接合並交換遺傳物質。

B. 褐藻－褐藻門(Phaeophyta)

褐藻是較明顯易見的海生藻類，在其細胞中除了葉綠素a、c外，亦含有藻褐素，呈現黑褐色。褐藻具有類似根、莖、葉的結構，但並無輸導用的組織。有些大型褐藻可長達60公尺，有如一株海中大樹，其葉柄和葉身伸展並分布於水中以進行光合作用，葉柄由附著器固著於岩石上。

有些褐藻亦可供食用，如海帶（昆布），部分褐藻的細胞壁中則含有藻膠，可提取作為製造冰淇淋的材料。

C. 紅藻－紅藻門(Rhodophyta)

紅藻體內除了有葉綠素a、d外，還含有藻藍素及藻紅素等色素，因為色素比例不同，而使紅藻呈現多變的色彩。紅藻大多數為多細胞植物，多生長於海水沿岸處，但有一些紅藻卻可以生長於熱帶深海區，其分布深度比其他藻類還深，主要是因為藻紅素能吸收可見光中波長較短的光能，進而轉送給葉綠素，進行光合作用，所以紅藻能生活在150公尺或更深的海底中。

有些紅藻可供食用，如紫菜、石花菜。某些紅藻可提煉出瓊脂(Agar)，即洋菜。瓊脂可製成實驗室中微生物成長用的培養基，亦可應用於食品工業上。

二、苔蘚類

苔蘚植物隸屬於苔蘚門(Bryophyta)，其下可分為苔綱、蘚綱及角蘚綱。

苔蘚植物是最先出現在陸地的陸生植物，但其體內並無維管束組織，而是靠著細胞與細胞彼此互相傳遞水分及養分，它們的外表演化出角質層，可以保護植物，防止水分過度的散失。因為水分和養分的運輸速率很慢，所以苔蘚植物的個體都很小，最「高」的苔蘚植物也只有幾公分高而已。此外，因為苔蘚植物行有性生殖時，精子和卵子需要靠水完成受精作用，因此苔蘚植物需生長在潮濕的環境中，如水溝旁、牆角或樹蔭下等。

(a)苔類植物：土馬騣 — 孢子體 — 配子體
(b)蘚類植物：地錢 — 芽杯 — 雌托 — 配子體

🐾 圖3.2　苔蘚植物。

日常所見的綠色葉是苔蘚植物的配子體，雌、雄配子體成熟後，會在頂端分別長出藏卵器及藏精器，當有水流經時，精子進入藏卵器中與卵結合為**合子**(2n)，合子發育為**孢子體**，自配子體頂端生長突出。孢子體起初為綠色，有葉綠素能進行光合作用，待孢子體成熟後，因為葉綠素漸漸消失而轉變成褐色，此時就只能靠配子體供應植株養分（圖3.2）。孢子體可以分成足、柄、蒴三部分，其中蒴內的孢子母細胞能行減數分裂產生**孢子**(n)，孢子成熟後飛散至適當的環境，便再發育成為**配子體**，完成其生活史。

苔類植物的配子體雖然有**假根**(rhizoid)的構造，但是只用來固著植物體，不負責吸收水分。水分主要由數層細胞構成的葉狀構造進入體內，葉狀構造在缺水時，會捲曲防止水分散失。苔類植物雖然具有類似根、莖、葉的構造，但是因為其內部沒有維管束組織，所以只能稱為假根、假莖與假葉。

低等維管束植物─蕨類

　　在維管束植物中，蕨類植物因為不產生種子，靠孢子繁殖且其有性生殖的受精過程仍需依靠水來完成，所以在分類上屬於較低等的維管束植物。蕨類植物已有維管束，因此比苔蘚植物大了許多，但因為維管束中缺乏形成層，沒有堅硬的木質部可以支撐，所以大多生長在有庇護而潮濕的地區。大部分的蕨類植物不高，10幾公分至1~3公尺高等都有，這類蕨類植物的莖常橫走於土壤中，稱為**根莖**或**地下莖**。在熱帶森林中有些高達10公尺的樹蕨類，其莖直立且高大，如台灣低海拔山區常見的筆筒樹（圖3.3）。

🐾 圖3.3　筆筒樹。

　　蕨類的葉多呈**羽狀複葉**，蕨葉在幼小時頂端呈捲曲狀，成熟後展開。在成熟蕨葉的下表面可見到許多褐色或黑色的**孢子囊群**，在每一個孢子囊群中有若干孢子囊。在孢子囊內行減數分裂產生孢子，孢子成熟後飄散出來，落到適宜環境萌芽長成配子體（圖3.4）。

(a)羽狀複葉

(b)幼葉頂端呈捲曲狀

(c)孢子囊群

🐾 圖3.4　蕨葉的特徵。

蕨類之配子體稱為**原葉體**(prothallium)（圖3.5），呈扁平心臟形，約只有數公分大，生長在土壤表面，有葉綠素可行光合作用。成熟之配子體會在心形的尖端長出藏精器，在心形中央凹入處長出藏卵器。精子隨水進入藏卵器與卵結合受精形成合子，然後合子即發育為新的孢子體，幼小的孢子體仍須靠配子體供應養分，等到孢子體成長能獨立生活後，配子體即萎縮消失，如此完成其生活史（圖3.6）。

🐾 圖3.5　蕨類植物的原葉體與幼孢子體。

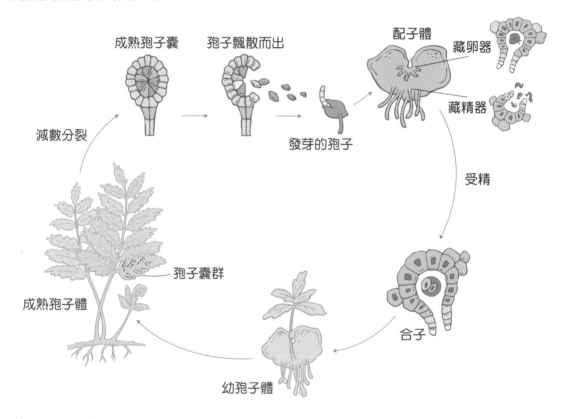

🐾 圖3.6　蕨類的生活史。

蕨類植物除了有性生殖外，也常以分芽生殖、珠芽生殖這兩種無性生殖的方式來繁衍後代。**分芽生殖**是在根莖上長出許多新芽，每一新芽均可分離獨立成一個新個體；**珠芽生殖**是在葉片邊緣長出新芽，待新芽掉落地面後即可另外長成新植物體。

高等維管束植物─裸子植物、被子植物

　　蕨類利用孢子繁殖是較低等的植物，而另一類利用種子繁殖的植物包括**裸子植物**和**被子植物**是較高等的植物。由藻類、苔蘚植物、蕨類、裸子植物和被子植物，我們已經可以看出植物的孢子體愈來愈發達，在生活環境中逐漸占優勢。

　　種子是植物繁衍在演化上的一大進步，因為種子具有較堅硬的外殼，除了可防止種子乾燥、抵抗外力傷害，尚可貯存種子發芽時所需的養分，供種子發芽時使用。因此，種子植物是目前最適合生存於陸地上的植物，也是演化上較高等的植物。

裸子植物

　　裸子植物和被子植物的差異在於裸子植物的種子沒有肉質的子房包被保護、裸露在果實外，而被子植物的種子是包藏於果實中。此外，裸子植物的木質部僅有管胞，被子植物的木質部有管胞及導管。

　　我們以裸子植物─松為例。我們所見的植株為其孢子體。成熟達繁殖期的孢子體會分別長出雄球花及雌球花。雄球花內有花粉囊，經減數分裂產生小孢子(n)，小孢子經有絲分裂發育為雄配子體（花粉粒）。雌球花內有胚珠，經由減數分裂產生4個大孢子(n)，其中三個退化，剩下一個大孢子繼續發育為卵成為雌配子體。

　　春天時，雄球花內的花粉粒大量釋出，隨風而飄送至雌球花上，這個過程稱為**授粉**(pollination)。由於受精過程完全擺脫了對水的依賴，因此使其成為真正的陸生植物。花粉粒到達雌球花後即萌芽長出花粉管，然後暫時停止發育，數月或一年後，花粉管再度生長使精子與卵結合而受精。

🐾 圖3.7　針葉樹─南洋杉。

受精卵經有絲分裂發育成胚，繼而形成種子，約再過一年，成熟的種子才會釋放出來，故一棵松樹由球花形成到種子釋出往往需歷經三個年頭。

裸子植物主要分布於溫帶地區，或熱帶、亞熱帶海拔較高的山區。常見的有松、杉、柏等（圖3.7），它們的樹幹高大挺直，葉子多呈針狀，故又被稱為**針葉樹**。如台灣俗稱的神木，大多是紅檜，樹齡可達數千年，其他如台灣杉、扁柏等，更可高達50公尺以上。

此外，常見的裸子植物還有蘇鐵、銀杏。蘇鐵是常見的庭園植物，又名鐵樹、鳳尾蕉，分布在熱帶、亞熱帶，約有一百種，台灣也原生一種台灣蘇鐵，分布於東部山區。銀杏是現存的活化石之一，如溪頭便有一片美麗的銀杏林。

被子植物

被子植物又稱為**開花植物**，因為被子植物會開花且其種子之外有果實包被著而得名。目前，被子植物已成為最占優勢的陸生植物，約占植物的80%。

被子植物比其他植物更能適應環境是因為其完善的花、果實、種子構造，其種子包覆於果實內，能獲得保護，且果實可幫助種子的散播，使得繁衍後代的機會更高，在競爭上占優勢。

被子植物在外在形態上呈現多樣化，有喬木、灌木、蔓藤、草本，還有水生等，以適應在各式各樣的環境中生存，即使在極端氣候如沙漠、極地、高山上，也都能找到被子植物的踪跡。

被子植物又可依種子內所含的子葉數目區分為單子葉植物和雙子葉植物。**單子葉植物**，其胚中僅有一枚子葉，莖中的維管束排列方式呈散生，大部分單子葉植物的葉為平行脈，花瓣為三或三的倍數，根多為鬚根，如禾本科、百合科等，多數為草本植物，但也有像棕櫚科般為木本植物者。**雙子葉植物**的胚則有二枚子葉，莖中的維管束排列成環狀，大部分雙子葉植物的葉為網狀脈，花瓣為四、五或其倍數，根多為軸根，它們涵蓋了大多數樹木與灌木類植物，但也不乏草本植物（表3.1；圖3.8）。

(a) 百合　　　　　　　　　　(b) 朱槿

圖3.8　(a) 單子葉植物－百合〔葉脈平行脈、花瓣三枚、萼片三枚、柱頭三裂、雄蕊六枚〕，(b) 雙子葉植物－朱槿〔葉脈網狀脈、花瓣五枚、萼片五枚、柱頭五裂、雄蕊多枚〕。

　　被子植物與人類有密切關係，它供應人們食物、纖維原料、油脂、藥物…等諸多用處，例如稻、麥等禾本科植物，是供養人類的主食，棉、麻等植物能提供人類製衣的原料，某些植物更是治病的藥材原料，因此被子植物與人類生活息息相關。

 延·伸·閱·讀

陸生植物

　　約在五億年前，植物開始登上陸地生活。植物要在陸地上生活就需克服下列各項挑戰。

1. 支持：植物開始登上陸地的第一件事就是要克服如何支撐植物體本身，因此植物發展出了維管束構造，維管束是由具厚壁的細胞所組成，具有支持植物體的作用。

2. 保持水分、克服乾燥：水是生物體最重要的物質之一。陸生植物發展出在其體表上覆蓋一層蠟質的角質層 (cuticle)，可以用以防止水分的散失。

3. 水分和養分的運輸：陸生植物發展出根系能吸收土壤中的水分與礦物質，並將葉片伸展於空中以利獲得陽光行光合作用。為了能輸送根所吸收的水分與鹽類和葉所製造的養分，植物發展出了維管束構造。

4. 生殖：陸生植物的生殖脫離了對水依賴，其有性生殖逐漸演化出靠風力、昆蟲、鳥…等為媒介的方式。

　　苔蘚是最低等的陸生植物，其形體矮小且必須生活在陰濕處。蕨類則因具有維管束而長得較高大，但兩者均以孢子繁殖，且受精過程皆需依賴水為媒介。真正成功的陸生植物是種子植物，它們的生殖過程擺脫了水的束縛。

3-2 植物的組織

　　細胞是植物的基本單位，形狀、構造相似的細胞可以集結群聚形成**組織**(tissue)，不同組織聯合構成**器官**(organ)。植物的組織約可以分為四大類：**分生組織**(meristematic tissue)、**表皮組織**(epidermis tissue)、**輸導組織**(vascular tissue)、**基本組織**(ground tissue)，將分述於下：

分生組織

　　分生組織是一群分裂能力特別強的細胞，這些細胞使植物某一部位能夠不斷的分生出其他各種組織。分生組織分為**頂端分生組織**(apical meristem)與**側面分生組織**(lateral meristems)；其中頂端分生組織又稱為**生長點**，位於莖頂與根尖，能促使植物初級生長，使莖長高、根加深；側面分生組織位於維管束的形成層(cambium)，能促使植物次級生長，可使植物變粗、變厚。像單子葉植物及許多雙子葉一、二年生的草本植物，終其一生都僅有初級生長而已，而大多數的雙子葉植物及裸子植物均可見到植物的次級生長。

表皮組織

　　表皮組織包括**表皮細胞**和**保衛細胞**。植物體的表面有表皮細胞，其形狀通常較規則，且排列緊密，細胞壁外層有蠟質的角質層，用以防止水分散失。

　　保衛細胞大多位於葉的下表皮，是半月形的細胞，兩個成對在一起，細胞中間有一條細長的縫，可讓氣體通過，此縫隙稱為**氣孔**。氣孔的開與閉受到保衛細

胞的調節。當水分進入保衛細胞後，保衛細胞膨脹，因為內側細胞壁較厚，外側細胞壁較薄，使得兩個相對的保衛細胞都向外側彎曲，所以氣孔打開。氣孔打開後，水分會從保衛細胞跑到外界，稱為**蒸散作用**。保衛細胞因為水分減少，細胞向外側彎曲的現象會消失，細胞回到原狀，氣孔即關閉（圖3.9）。

(a)兩個成對的保衛細胞
內側細胞壁較厚
外側細胞壁較薄

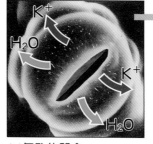
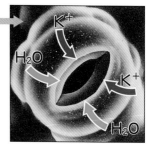
(b)氣孔的開合

🐾 圖3.9　植物的氣孔。

此外，保衛細胞內含有葉綠體，可以行光合作用，而光合作用所需的二氧化碳和光合作用後產生的氧氣，也都是由氣孔進出。植物和外界的氣體交換除了經由葉的氣孔外，也可經由莖的氣孔、皮孔或根部的表皮細胞進行。

輸導組織

輸導組織位於根、莖、葉內，可以輸送水分和養分。輸導組織主要包括**木質部**(xylem)和**韌皮部**(phloem)（圖3.10）。

組成木質部

構成韌皮部

導管　　管胞（假導管）

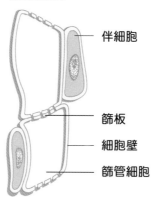
伴細胞
篩板
細胞壁
篩管細胞

🐾 圖3.10　輸導組織－導管、管胞、篩管細胞與伴細胞。

　　木質部主要與水分運輸、儲存和支撐有關，包括**導管**和**管胞**（又稱假導管）。導管和管胞的主要功能是將根部吸收的水分和礦物質運送至莖和葉。**導管細胞**呈長管狀，細胞成熟後，細胞質會消失，細胞壁木質化，細胞和細胞相連處的細胞壁會完全消失而形成一中空的長管，以便快速輸送水分及溶解的鹽類；**管胞**是兩端尖削的厚壁細胞，細胞成熟後，細胞質也會消失，細胞壁木質化，在相連的細胞壁上有許多小孔以供水分和溶解的鹽類流通。導管細胞通常較管胞短而寬，導管和管胞都是死的細胞，導管的運輸功能優於管胞，而管胞的支持功能優於導管。木質部的水分運輸主要靠蒸散作用產生的拉力，只能從下往上運送。

　　韌皮部負責醣類及其他養分的運送，由篩管細胞和伴細胞組成。篩管細胞呈長管形，上下相連而形成連續的管道，兩個相連的篩管細胞，其細胞壁連合處會形成加厚的篩板，篩板上有許多篩孔，能讓養分、糖液上下流動，用以運送養分。篩管細胞在成熟時為避免阻礙糖液流動，其細胞核及胞器會瓦解消失，所以每一個篩管細胞都至少有一個伴細胞相伴而生，用以協助篩管細胞調節其生理機能。韌皮部能向上或向下運送物質，但單一篩管的物質運輸方向是單向的。

基本組織

　　植物的基本組織包含薄壁細胞、厚角細胞和厚壁細胞。**薄壁細胞**構成植物體最大多數的細胞，不同的薄壁細胞有不同的功能，如葉肉內的薄壁細胞含有葉綠體可行光合作用，根和莖內的薄壁細胞可貯藏養分。**厚角細胞**的邊緣會不均勻的增厚，具有支持作用，大多分布在莖和葉柄的皮層或葉脈中。**厚壁細胞**的細胞壁會均勻的增厚，散布在植物全株中，可增加根和莖的強硬及支持力。

3-3　植物的營養器官與功能

　　植物的器官由各類組織組成，維管束植物的器官大致上可以分為營養器官和生殖器官兩大部分，**營養器官**包含根、莖、葉，**生殖器官**包含花、果實、種子。其中，花、果實、種子與植物的生殖有關，將於下一節再述。

根的功能與構造

　　根的主要功能是**吸收、貯藏、運輸、固著**。植物的根依其具有的功能可以分為**貯藏根、氣生根、支持根、呼吸根、板根**等。如蘿蔔的根是特別發達的貯藏根；榕樹的氣生根可以協助氣體的交換；玉米的支持根能幫助支撐植物體；長在沼澤中的植物，如紅茄苳的根能向上長出水面以協助呼吸；某些熱帶雨林樹木的根，為了加強支撐植物體而露出地面隆起成板狀，即為板根。

　　植物根，依其外在的型態可以分為軸根系和鬚根系。**軸根系**通常有一條直而明顯的主根，主根上再長出細而短的支根，是雙子葉植物的特徵。**鬚根系**沒有明顯的主根，而是由許多粗細相仿的鬚根共同組成，是單子葉植物的特徵。

　　植物根的構造，從橫切面看包括表皮、皮層、中柱；從縱切面看包括根冠、先端分生區、延長區、成熟區（圖3.11）。

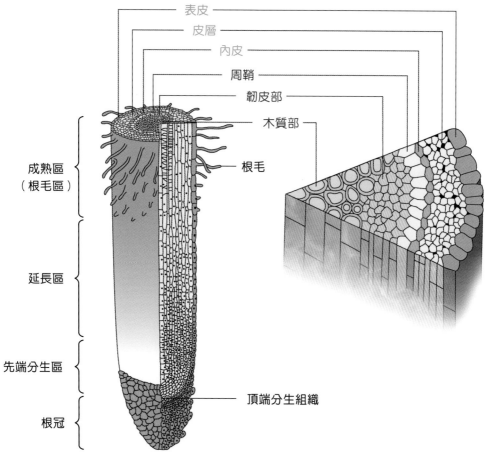

🐾 圖3.11　根的構造。

一、橫切面

1. **表皮**：由一層細胞構成，通常無角質層以利於水分與礦物質的進出。表皮的外壁有根毛，隨著根尖的延長，新的根毛生成，而早先的根毛即枯萎脫落，因此根毛區常侷限在一定範圍內。表皮與根毛均具有吸收的功能。

2. **皮層**：占根體積的大部分，主要由薄壁細胞組成，可以傳遞水分及鹽類，並可貯藏養分。皮層的最內層細胞稱為**內皮**，其細胞較其他皮層細胞小，細胞壁上有一層不透水的蠟質稱為**卡氏帶**，使內皮具有控制水分通透的功能。

3. **中柱**：包括周鞘、韌皮部、木質部等。周鞘由單層或數層薄壁細胞構成，具有旺盛的分生能力，能長出支根。木質部位於根的最中央，而韌皮部夾在周鞘和木質部中間。

二、縱切面

1. **根冠**：根冠在根的最頂端，具有保護功能，可幫助根尖穿越土壤。

2. **先端分生區**：先端分生區具有旺盛的分生組織，會不斷分裂產生新細胞。

3. **延長區**：延長區是根部延長的主要部位，此區的細胞延續自分生組織的細胞，細胞因大量吸水而膨大，開始縱向增長細胞長度，使根能加長。

4. **成熟區**：成熟區位於延長區的後方，向外延伸成根毛（又稱根毛區），根毛由表皮細胞向外突出延伸而成，可以深入土壤中，大大增加根部與土壤接觸的表面積，增加了吸收的效率。

延·伸·閱·讀

植物與真菌類的互利共生

植物能行光合作用自行製造養分，但是，仍然有許多的陸生植物，在其根部需要依賴真菌類與其共同生活，植物的根部因和真菌類互利共生而形成菌根。

如某些橡樹、松樹類，真菌生長在其根冠（根的最前端）部位，菌絲並穿透進入根的組織中。這些真菌能從土壤中吸收水分、礦物質供應給植物利用，而植物則提供真菌生活所需的養分。

植物與細菌類的互利共生（固氮作用）

植物與細菌類的根瘤菌(*Rhizobium*)也是互利共生的例子。根瘤菌通常生長在豆科植物（如花生、大豆等）的根部，而使根長出一個個膨大的根瘤（圖3.12）。在這共生的關係中，根瘤菌能將大氣中的氮氣(N_2)還原成氨(NH_3)等化合物以供給植物利用（稱為固氮作用），而植物供應根瘤菌所需的養分，並提供一個安定的生活環境。根瘤菌使豆科植物成為世上製造蛋白質最有效率的作物。

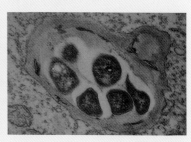

🐾 圖3.12 豆科植物的根瘤，左圖：花生的根部，球狀者即為根瘤。右圖：花生根部橫切面，內有六個根瘤菌。

莖的功能與構造

莖為植物的營養器官之一，主要有支持及運輸的功能。葉產生的養分，和根部吸收的水分、鹽類，都透過莖送到植物全身各處。一般植物的莖大多呈直立狀態，但也有許多植物的莖為適應環境而具有特殊功能，如葡萄的莖細、長，不能直立，利用卷鬚、氣根等攀附他物向上生長，稱為**攀緣莖**。甘藷的匍匐莖匍匐地面，並在接近地面的節上生根，能獨立生長成為新個體。牽牛花的莖細長，無法直立，靠纏繞他物生長，為**纏繞莖**。而沙漠中的仙人掌為適應乾旱氣候，其肉質莖肥厚、多肉多漿，用以貯藏大量水分。馬鈴薯的根莖橫生，先端膨大，形成塊狀，稱為**塊莖**，能貯藏養分。

植物的莖上有**芽**(buds)，芽能發育成枝條、葉或花。在莖頂端的芽稱為頂芽，在莖側面的芽稱為側芽，側芽多著生於葉腋間，又稱為腋芽。而莖上著生葉的位置稱為**節**，莖、葉及芽內的輸導組織均在此處匯合銜接，故此處較為膨大，而介於二個節之間的部位則稱為節間。

雙子葉植物莖的最外層為**表皮**，表皮由一至數層細胞構成，可保護內部組織避免乾燥或外力傷害。表皮之內為**皮層**，具有貯藏養分之功能。皮層之內為呈環狀排列的**維管束**，**木質部**位於維管束的內側，**韌皮部**位於維管束的外側，木質部

與韌皮部間有**形成層**(vascular cambium)，形成層能不斷向外及向內分生出次生韌皮部及次生木質部而使莖逐年加粗，其中，在形成層以外的部分統稱為**樹皮**，在形成層以內的部分稱為木材。在莖的中央是**髓**(pith)，髓亦具有貯藏養分之功能（圖3.13）。

單子葉植物莖的內部和雙子葉植物不同，單子葉植物莖內部的維管束是散生在基本組織中，且無形成層、皮層與髓的組織，所以莖不會擴大。雙子葉植物的維管束是輪生，莖會隨著生長而加粗。所以我們也可以由莖內維管束的排列方式來區分單子葉植物和雙子葉的植物（圖3.14）。

當春天時，天氣溫暖、雨水充沛，植物生長旺盛，新長出來的木質部細胞大而顏色淡；當冬天時，天氣寒冷、雨水稀少，植物生長緩慢，新長出來的木質部細胞小而顏色深，如此每隔一年便會產生一

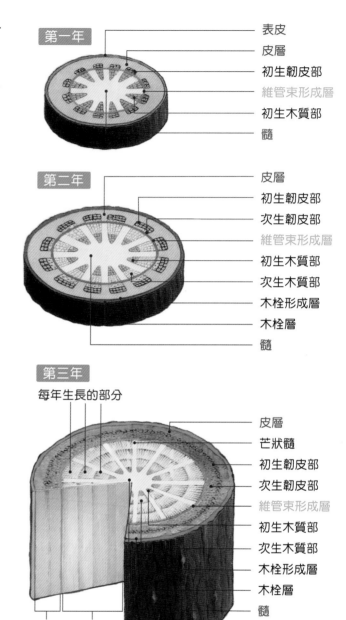

🐾 圖3.13　木本植物的生長。

圈界線明顯的同心圓，稱為**年輪**（圖3.15）。因此根據年輪的多少，可以大約推算出樹的年齡。此外，藉著年輪的寬窄還可以推測當年的氣候狀況，年輪較寬，代表那一年氣候良好、雨量充沛；年輪較窄，表示那一年氣候不佳、乾旱缺水。

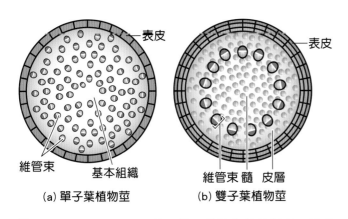

👣 圖3.14　單子葉植物莖和雙子葉植物莖的橫切面構造。　　👣 圖3.15　年輪。

葉的功能與構造

典型的葉由**葉片**、**葉柄**和**托葉**組成，稱為**完全葉**（圖3.16），若是缺少其中的任何一部分，則稱為不完全葉。

每一葉柄上如果只著生一枚葉片，稱為**單葉**，著生多枚葉片時，則稱為**複葉**。複葉又依葉數及其排列方式分為三出複葉、羽狀複葉、掌狀複葉、單身複葉等（圖3.17）。

一葉柄上有三片小葉時，稱為**三出複葉**，如茄苳；多枚葉片排列成羽毛狀時，稱為**羽狀複葉**，如巴西乳香、鳳凰木；多枚葉片排列成掌狀時，稱為**掌狀複葉**，如鵝掌藤、馬拉巴栗；當兩片小葉同時排列在同一葉柄時，稱為**單身複葉**，如柳橙、柚子。

👣 圖3.16　完全葉。

(a)三出複葉　　(b)羽狀複葉

(c)掌狀複葉　　(d)單身複葉

🐾 圖3.17　複葉的種類。

(a)互生　　(b)對生　　(c)十字對生

(d)輪生　　(e)叢生

🐾 圖3.18　葉序的種類。

　　葉在莖上的排列方式稱為**葉序**，主要的葉序有互生、對生、十字對生、輪生、叢生（圖3.18）。**互生**是指莖上的每節只生一枚葉，上下交互排列。**對生**是指莖上的每節上有二枚葉，相對而生。**十字對生**是指莖上的每節上有二枚葉，每相對的兩枚成十字型相對而生。**輪生**是指莖上的每節上有三枚葉以上，呈輪狀排列。**叢生**是指多枚葉生長在同一節或根際上。

　　葉的內部構造可以分為表皮、葉肉和葉脈，分述如下（圖3.19）：

1. **表皮**：葉有上表皮與下表皮，各由一層細胞構成，用以保護內部組織。在上表皮有一層蠟質的角質層，可防止水分的散失。下表皮有保衛細胞，構成氣孔，是氣體進出的孔道，保衛細胞中含有葉綠體，可行光合作用，而一般表皮細胞則不含葉綠體。

2. **葉肉**：葉肉介於上、下表皮間，由薄壁細胞組成，含有大量的葉綠體，是葉內行光合作用的主要場所。葉肉可以分為柵狀組織和海綿組織。柵狀組織比較靠近上表皮，細胞排列呈柵狀，整齊而緊密，是含葉綠體最多的組織。海綿組織較靠近下表皮，細胞形狀較不規則，排列疏鬆，含葉綠體較少。

3. **葉脈**：葉脈是葉肉中的維管束，木質部靠近上表皮，韌皮部則靠近下表皮，並有束鞘包圍住。葉脈除了可以輸送水分、鹽類及養分外，亦可支撐葉片平展在空中，具有支持功能。

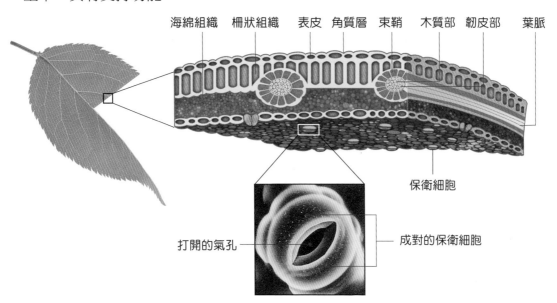

🐾 圖3.19　葉的內部構造。

　　葉是維管束植物進行蒸散作用、呼吸作用與光合作用的主要器官，分述如下（圖3.20）：

1. **蒸散作用**：葉部的氣孔打開時，水分從氣孔蒸散到空氣中，使葉肉細胞的含水量降低，此時葉肉細胞的滲透壓增大，利用滲透作用水分從木質部進入葉肉細胞，並拉動木質部內的水柱向上升，促使從根部吸收的水分能達成往上運輸的功能。

2. **呼吸作用**：植物吸收氧氣，產生二氧化碳和水，同時產生能量的現象，稱為呼吸作用。植物利用吸入的氧，將體內的葡萄糖、澱粉分解成二氧化碳，並放出熱能，作為生活的動力。呼吸作用和動物一樣不分晝夜，是由所有的細胞進行，無論根、莖、葉、花、種子，都是藉呼吸作用提供所需能量。呼吸作用可以以下列的化學方程式表示。

$$C_6H_{12}O_6 + 6O_2 \rightarrow 6CO_2 + 6H_2O + ATP（能量）$$

3. **光合作用**：因為二氧化碳和水不容易發生化學反應，所以植物進行光合作用時，需要利用光能來促使二氧化碳和水形成葡萄糖，並將能量儲存於葡萄糖中，因此葡萄糖能供應其他生物生存所需的能量。

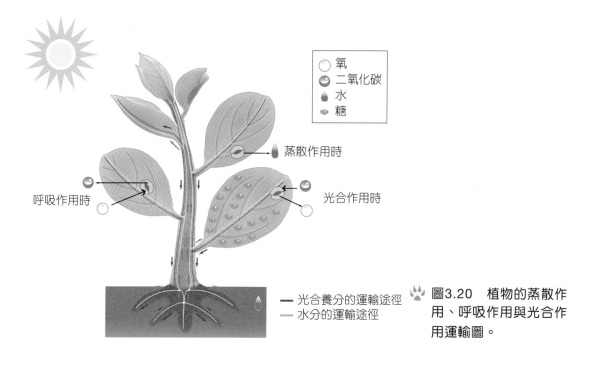

氧
二氧化碳
水
糖

蒸散作用時

呼吸作用時　　　　　　光合作用時

━ 光合養分的運輸途徑
━ 水分的運輸途徑

❧ 圖3.20　植物的蒸散作用、呼吸作用與光合作用運輸圖。

植物進行光合作用的場所是葉綠體，葉綠體是由外膜、內膜、基質和葉綠餅所構成，其中葉綠餅由一個個的類囊體堆疊而成，再由餅間板連接在一起。光合作用可以分為兩大階段，第一階段稱為光反應，第二階段稱為暗反應。第一階段需要光照，在葉綠餅的類囊體中進行，第二階段暗反應在葉綠體的基質中進行（圖3.21）。

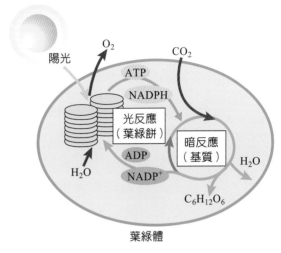

🐾 圖3.21　植物的光合作用。

(1) 光反應

植物光反應的進行是利用葉綠餅中的葉綠素a、葉綠素b及胡蘿蔔素等色素吸收某部分的可見光（葉綠素a、葉綠素b可以吸收可見光中的紅色光和藍色光，胡蘿蔔素僅能吸收藍色光）以獲得其所需的能量，再利用吸收的光能進行光水解作用，將水分子分解成氧氣、氫離子和電子（反應式如下），其中氧氣被釋放出來，電子進行一連串的電子傳遞。電子傳遞是由高能量往低能量傳遞，所以它是一種放熱（能）反應，所釋放出來的能量可以合成生物能(ATP)及使氫離子和$NADP^+$形成NADPH。NADPH是暗反應中二氧化碳的還原劑，有了NADPH提供氫離子，二氧化碳才能轉換成碳水化合物。

$$2H_2O \xrightarrow{\text{光能}} 4H^+ + 4e^- + O_2 \uparrow \quad [\text{光反應}]$$

$$\text{或} \quad 12H_2O \xrightarrow{\text{光能}} 12\,H_2 + 6O_2 \uparrow$$

(2) 暗反應

暗反應是葉綠體中的酵素，利用上述光反應所產生的能量ATP及還原劑NADPH把二氧化碳轉換成碳水化合物（葡萄糖）和水（反應式如下）。此反應的進行主要受酵素的影響，因此溫度對暗反應的影響較大，在適宜的溫度範圍內，暗反應反應速率隨著溫度的升高而增加。雖然暗反應和光照沒有直接關係，可是因為暗反應的進行必須仰賴光反應所產生的能量ATP及還原劑NADPH，所以光合作用仍需要在光照下才能進行。

$12H_2 + 6CO_2 \rightarrow C_6H_{12}O_6$（葡萄糖）$+ 6H_2O$ [暗反應]

綜合上述的光反應和暗反應，可以將光合作用寫成以下反應式：

$12H_2O + 6CO_2 \rightarrow C_6H_{12}O_6$（葡萄糖）$+ 6O_2 + 6H_2O$

　　光合作用需要光能，但是並非天天都有陽光，因此許多植物常將光合作用後產生的葡萄糖轉變成澱粉，儲存於根、莖內，如甘薯、馬鈴薯，有些植物則將葡萄糖轉變成其他的醣類儲存於果實中，這就是某些果實嚐起來甜甜的原因。但是這些儲存方式都只是暫時的，當植物需要能量時，如建構或修補其他細胞時，還是可以將這些澱粉或醣類分解後再使用。

　　因為水和二氧化碳是很不容易進行的化學反應，所以光合作用是非常耗能的反應，所幸，地球上太陽能的供應充沛，才能使得植物大量生長，提供其他生物生存的能量。

3-4 植物的生殖器官與功能

　　在陸地上，除了針葉樹森林以外，其他地區幾乎都是**開花植物**。而開花植物之所以能在植物界占優勢，主要在於其生殖方式的演化。開花植物的種子被包在果實中受到嚴密的保護，因此又有**被子植物**之稱。此外，許多開花植物有色彩艷麗的花，能吸引昆蟲前來替其傳播花粉，使得雌、雄配子相遇的機會大增。綜合以上這些特性，使得開花植物成為目前地球上最成功的植物。植物的生殖可以分為無性生殖與有性生殖，將分述於下。

無性生殖

　　植物的無性生殖又稱**營養繁殖**，是指植物體藉由其根、莖、葉等營養器官來繁殖的現象，在自然界中常可見到植物的各種營養繁殖。例如甘藷的塊根、馬鈴薯的塊莖，都可長出新芽，發育成為新的植株。草莓的匍匐莖在地面四處蔓延，當匍匐莖的節與土壤接觸時便能長出新根而形成新的植株。落地生根的肥厚葉片能從葉緣長出新芽，長成新的植株。竹類有四通八達的地下莖，由地下莖向上長出新芽即可成為新的植株。

某些植物，如觀葉植物萬年青（圖3.22），只要剪下一段枝條插在水中，過幾天就會從切口處長出根來，這種繁殖方法稱為**扦插法**。

此外，**嫁接法**也常被廣泛利用，尤其應用在果樹上。嫁接是將想要繁殖植物的枝芽接在同種或近緣品種植物上。例如，把一優良品種蘋果的枝條嫁接在生長比較快速、抗病蟲害的另一品種蘋果上，如此綜合兩者特性可以得到最佳的收益。

🐾 圖3.22　萬年青。

近年來，由於科技發展，人們發展出另一種新的營養繁殖方法，稱為**組織培養**(tissue culture)。組織培養是指在無菌的環境下，利用植物的一點點組織，或一枚細胞就能培育出一株完整的植物。組織培養有許多的用途，目前大多使用在基礎植物學與遺傳學的研究，以及農業上育種或品種的保留上。目前人們常利用植物營養器官繁殖的特性，以人工的方法來大量繁殖植物。

有性生殖

植物的有性生殖，是指植物體藉由開花，經過授粉、受精後結出內含種子的果實，再經由種子的散播來繁殖的現象，這便是有性生殖的歷程，所以**花、果實、種子**被稱為開花植物的生殖器官。

植物在進行有性生殖的過程中，由於雄配子與雌配子受精時，可能發生基因重組的現象，因此產生的子代，其遺傳特性和外表性狀與親代不盡相同，能增加同種生物中個體間的差異，使物種更能適應環境的改變留存下來。

植物的種類繁多，有性生殖的過程也會因植物的種類不同而有所差異。以下以開花植物來說明植物行有性生殖的過程。

花的構造

花是被子植物的生殖器官，一朵**典型的花**（又稱為**完全花**）應具有**花萼**(calyx)、**花冠**(corolla)、**雄蕊**(stamens)、**雌蕊**(carpels)四個部分，而花各部的著生處，稱為花托，並與花梗相連（圖3.23）。一朵花若缺少這四部分中的任何一部分，則稱為**不完全花**。

花萼位於花的最外層，大多數為綠色，在發芽期時

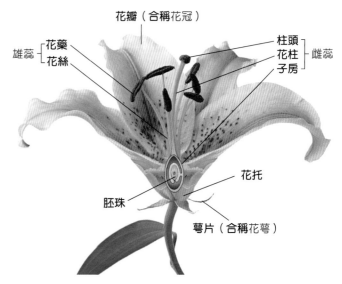

图3.23　完全花。

有保護作用。花萼由一片片的萼片所組成，萼片的數目通常和花瓣的數目相同，單子葉植物通常是三片或三的倍數，雙子葉植物通常是四片、五片或其倍數。一朵花的所有花瓣合稱為花冠，花冠是花中最引人注目的部位，通常具有鮮艷的顏色以引誘特定的昆蟲。雄蕊由花藥及花絲組成，花藥通常由二個花藥瓣合成，雄蕊的數目經常和花瓣數相同，但也有些植物之雄蕊為花瓣數目的二倍或更多。雌蕊為雄蕊所包圍，由子房、花柱、柱頭三部分組成，其中，底部膨大處為子房，其內有胚珠，受精後胚珠發育成種子，而子房發育成果實。子房上方為細長的花柱，花柱的頂端為柱頭，柱頭的表面通常有毛或具黏性以利花粉粒的附著。

以上花中真正具生殖功能的是雄蕊及雌蕊，花萼與花冠合稱**花被**，主要是保護內部的雌蕊和雄蕊及吸引昆蟲等傳粉媒介。

花的有性生殖

花行有性生殖時會先在雄蕊頂端花藥內的花粉囊中形成花粉粒(pollen grain)。花藥通常由二個花藥瓣合成，每個花藥瓣內含有兩個花粉囊。花粉囊中含有雙套(2n)之**小孢子母細胞**(microspore mother cells)，或稱**花粉母細胞**。每個小孢子母細胞經減數分裂產生四個單套(n)的小孢子。小孢子再經一次有絲分裂形成一個具有二個核的花粉粒，其中一個稱為**管核**，另一個稱為**生殖核**。

雌蕊的子房內有胚珠，子房日後會發育為果實，胚珠日後會發育為種子。胚珠的中央為珠心，在珠心中有一枚特別大的細胞稱為**大孢子母細胞**(megaspore mother cell)，或稱**胚囊母細胞**。大孢子母細胞會行減數分裂產生四枚大孢子，但其中三個大孢子會逐漸萎縮消失，剩下的一個再連續經三次有絲分裂而成為一個具有八個核的胚囊，此即**雌配子體**。胚囊內，靠近珠孔的一端有卵核，卵核兩旁各有一枚助細胞或稱助核，胚囊中央有二枚極核，胚囊頂端則有三枚反足細胞或稱反足核。在珠心的周圍包著珠被，珠被的底端只留有一個小孔稱做珠孔，是將來花粉管進入珠被的管道。

當花粉粒落到柱頭上時，便會長出花粉管(pollen tube)伸入柱頭、穿過花柱，經過珠孔而進入胚囊。在此過程中，花粉管內之管核在前，生殖核在後徐徐向前推進，在到達珠孔時，生殖核會再分裂成兩個精核，而管核則消失。

兩個精核進入胚囊後，其中一個會與卵核結合，其將來發育為胚(2n)，而另一個精核會與兩枚極核結合，將來發育成胚乳(3n)。像這樣由兩個精核分別和卵核和極核結合的情形稱為**雙重受精**(double fertilization)，是開花植物特有的現象（圖3.24）。

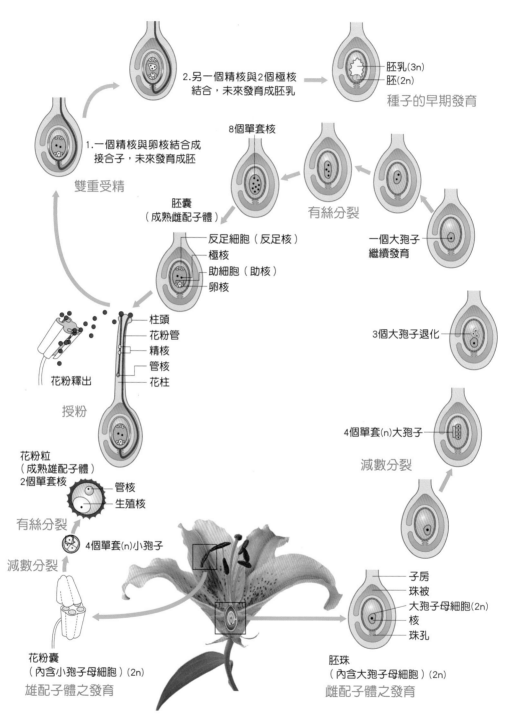

2.另一個精核與2個極核
結合，未來發育成胚乳

胚乳(3n)
胚(2n)

種子的早期發育

1.一個精核與卵核結合成
接合子，未來發育成胚

8個單套核

雙重受精

胚囊
（成熟雌配子體）

有絲分裂

反足細胞（反足核）
極核
助細胞（助核）
卵核

一個大孢子
繼續發育

柱頭
花粉管
精核
管核
花柱

花粉釋出

3個大孢子退化

授粉

4個單套(n)大孢子

減數分裂

花粉粒
（成熟雄配子體）
2個單套核

管核
生殖核

有絲分裂

4個單套(n)小孢子

減數分裂

子房
珠被
大孢子母細胞(2n)
核
珠孔

花粉囊
（內含小孢子母細胞）(2n)

雄配子體之發育

胚珠
（內含大孢子母細胞）(2n)

雌配子體之發育

✿ 圖3.24　開花植物的有性生殖。

傳粉方式

　　植物為了讓花粉粒能順利到達雌蕊之上，於是演化出了各種傳粉的方式，如昆蟲傳粉、風力傳粉、動物傳粉、水力傳粉等。

1. **昆蟲傳粉**：當昆蟲在花朵中採食花蜜時，身上會沾上花粉，這些花粉就有機會轉移到雌蕊的柱頭上。這類植物為了吸引昆蟲前來，花朵往往具有鮮艷的色彩或蜜液，同時為了便於沾附在昆蟲身上，這些花的花粉往往具有小刺或黏性，這類靠昆蟲傳粉的花又稱為蟲媒花。

2. **風力傳粉**：靠風力傳粉的植物需要產生大量體積小且重量輕的花粉才能增加落到雌蕊上的機會，所以這類植物的花常常小而不起眼，像裸子植物松柏類和某些開花植物－玉米、稻米、柳樹等，這類藉風力傳粉的花又稱為風媒花。

3. **動物傳粉**：除了昆蟲以外，其他動物也常成為傳粉媒介。如蜂鳥的體型嬌小，嘴很長，能伸入花心中吸食蜜液，蜂鳥採食花蜜時，身上也會沾上花粉，也能幫忙傳遞花粉。

4. **水力傳粉**：有些水生植物在水面下開花，其花粉便藉由水流而至雌蕊處完成授粉，所以又稱為水媒花。

果 實

　　胚珠受精後會發育成種子，子房此時會受生長激素的刺激而逐漸膨大成為果實。果實除了可以保護種子之外，還能幫助種子休眠及協助種子的散布。

　　果實依據子房數目的多寡，可以分為單生果(simple fruits)、集生果(aggregate fruits)及多花果(multiple fruits)（表3.2；圖3.25），分述於下。

1. **單生果**：由一朵花中的一個子房發育而成的果實，稱為單生果。單生果包括肉果和乾果。肉果的果實柔軟多汁，又可分為柑果如柳橙，核果如桃子，梨果如蘋果、梨子。乾果的果實乾燥少汁，有些乾果成熟後會開裂，如羊蹄甲的莢果、掌葉蘋婆的蓇葖果、台灣欒樹的蒴果、莧菜的角果。乾果成熟後不會開裂的如向日葵的瘦果、稻米的穎果、青楓的翅果、青剛櫟的堅果等。

2. **集生果**：由一朵花上數個雌蕊的子房聚合在一起共同發育而成，所以又稱聚合果，每一雌蕊的子房發育成一小果，再散生或集生在花托上，如草莓外部較紅的果肉其實是由數個子房發育成一個個的小果實，然後聚集在膨大的花托上（內部較白的果肉），而一個個小的果實上著生了一個個的種子。

🐾 表3.2　果實的分類

型態	定義	分類			例子
單生果	由一朵花中的一個子房發育而成	肉果		柑果	柳橙
				核果	桃子
				梨果	蘋果
		乾果	會開裂	莢果	羊蹄甲
				菁莢果	掌葉蘋婆
				蒴果	台灣欒樹
				角果	莧菜
			不會開裂	瘦果	向日葵
				穎果	稻米
				翅果	青楓
				堅果	青剛櫟
集生果	由一朵花中許多子房發育而成				草莓
多花果	由整個花序中許多花共同發育而成				鳳梨、桑椹

(a)　　　　　(b)　　　　　(c)

(d)　　　　　(e)　　　　　(f)　　　　　(g)

🐾 圖3.25　各種型態果實。(a)羊蹄甲（莢果會開裂）；(b)掌葉蘋婆（菁莢果會開裂）；(c)台灣欒樹（蒴果會開裂）；(d)向日葵（瘦果不會開裂）；(e)草莓（集生果）；(f)鳳梨（多花果）；(g)桑椹（多花果）。

3. **多花果**：由許多密集而生的多朵花共同發育而成的果實，所以又稱為聚花果，如鳳梨的花是多數無柄的小花著生於中軸上，受精後每一朵小花皆發育成果實而形成整顆鳳梨，而原本的中軸發育成果心，即鳳梨中央較硬的部分。又如桑椹是由很多小果實組成，而每一個小果實都是由一朵花發育而成，所以亦是屬於多花果。

種 子

胚珠受精後，接著即發育成種子，種子包括**胚**、**胚乳**和**種皮**。其中，胚通常包括胚芽、胚莖、胚根及子葉四部分。胚乳占種子大部分體積，用以貯存將來種子發芽時所需的養分。而種皮由珠被發育而成，用以保護種子。不過，大多數開花植物的種子在發育期間，會先將胚乳中的養分轉存在子葉中，所以成熟的種子往往只剩下胚及種皮而已（圖3.26）。

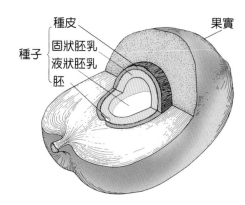

圖3.26　椰子的果實與種子。

種皮
種子
固狀胚乳
液狀胚乳
胚
果實

雙子葉植物與單子葉植物可以根據所含子葉的數目來區分。雙子葉植物的種子中有二枚大而明顯的子葉，如大豆、落花生。而單子葉植物的種子只有一枚子葉，且種子發育成熟時，胚乳多仍保留著，如稻、麥、玉米，我們食用的主要部分即為其胚乳。

植物結果後，便要將種子散布出去。種子離母體越遠越好，如此才能拓展生活領域及避免彼此間的生存競爭。種子的散布有以下幾種方式：

1. **藉風散布**：有些植物的果實或種子上有一層薄「翅」，可隨風力飄揚，如桃花心木的種子。有些植物的果實或種子上有絨毛，可隨風飄遠，如兔兒菜（圖3.27）、馬利筋等。另外，有些植物的種子極小而輕，可輕易被風吹走，如蘭花。

圖3.27　兔兒菜藉風散布。

2. **藉水散布**：長在水邊的植物常利用水流幫忙散布其種子。如椰子樹的果實可隨海漂流至別處陸地再萌芽成長。

3. **藉動物、人類散布**：有些植物的果實或種子上有刺、鉤，能附著在動物身上而移動至別處，如咸豐草（圖3.28）、蒺藜等。有些植物的果實味道甜美，可吸引動物採食，然後藉由動物吐出或排出不能消化的種子而散布。

4. **藉果實爆裂散布**：有些植物的果實成熟時會突然爆裂開來，藉彈力將種子彈出，如非洲鳳仙花（圖3.29）、酢漿草。

植物為了拓展生存空間和尋找更合適的生活環境，演化出各式各樣有利於種子散播的方式，用以戰勝生存競爭。

🐾 圖3.28　咸豐草藉動物、人類散布。

🐾 圖3.29　非洲鳳仙花藉果實爆裂散布。

延·伸·閱·讀

食蟲植物

　　雖然植物皆靠光合作用製造養分，但有些植物能利用其他方法來補充自己的養分。例如食蟲植物，能用各種特化的葉來製造各種捕蟲的陷阱，讓小昆蟲成為它們的美食。

　　這些食蟲植物本身仍含有葉綠素，可以行光合作用，所以即使沒有昆蟲可捕捉，它們仍然能正常生長。例如捕蠅草、豬籠草、毛氈苔（圖3.30）。捕蠅草的葉片是可以開合的兩片狀，捕食時，它的葉片會打開，當獵物陷入陷阱時，葉片會合起來，並開始分泌出消化液，慢慢將獵物分解、吸收。豬籠草的葉片大而捲曲，像個加蓋的深底酒杯，當昆蟲掉進杯底時，杯蓋便會蓋上，並分泌消化液將獵物消化。毛氈苔的葉子特化成特殊的構造，葉緣及葉面布滿密密麻麻的腺毛，分泌黏液，當獵物上鉤後，腺毛會彎過來包覆住獵物，並開始分泌消化酵素，將獵物內部組織消化成小分子後再吸收，從而獲得生長所需的養分。

(a) 捕蠅草

(b) 豬籠草

(c) 毛氈苔

🐾 圖3.30　食蟲植物。

小試身手
EXERCISE

一、是非題

1. 韌皮部負責水分及礦物質的運送，由篩管細胞和伴細胞組成。

2. 每一個篩管細胞都至少有一枚伴細胞相伴而生，因為篩管細胞在成熟時其細胞核及胞器會瓦解消失。

3. 木質部是植物體中輸送醣類及微量有機物的管道，主要由管胞及導管構成。

4. 木質部中導管細胞通常較管胞短而寬，但兩者最終均為死細胞。

5. 頂端分生組織造成初級生長，可使植物的莖長高、根加深。

6. 在植物體中包含維持生命的營養器官──根、莖、花。

7. 根的主要功能有吸收、運輸、固著、儲藏。

8. 根的皮層主要由薄壁細胞組成，可以傳遞水分及鹽類，並可儲藏養分。

9. 根冠在根的最頂端，具有保護功能，可幫助根尖穿越土壤。

10. 根尖的延長區細胞因大量吸水而膨大，能縱向伸展，是根能加長的主因。

二、選擇題

1. 在植物的世代交替中，「配子」是：　(a)由配子體產生　(b)為雙套(2n)　(c)與孢子體含有相同數目染色體　(d)可行獨立生活。

2. 苔蘚類還未能真正適應陸地生活，因為它們　(a)不能生活在土壤中　(b)生活史中無世代交替現象　(c)受精時需水為媒介　(d)在溫暖氣候才能生活。

3. 在植物進化的歷程中（由低等植物至高等植物）　(a)孢子體與配子體均趨向占優勢　(b)世代交替現象趨向消失　(c)孢子體逐漸趨向占優勢　(d)配子體逐漸趨向占優勢。

4. 葉中主要的光合組織為　(a)木質部　(b)韌皮部　(c)葉肉　(d)氣孔。

5. 植物運輸水分的組織為　(a)木質部　(b)韌皮部　(c)葉肉　(d)氣孔。

6. 植物運輸養分的組織為　(a)木質部　(b)韌皮部　(c)葉肉　(d)氣孔。

7. 植物蒸散作用水分進出管道為　(a)根部　(b)莖部　(c)葉肉　(d)氣孔。

8. 植物光合作用的光反應在哪裡進行？　(a)類囊體　(b)基質　(c)葉肉　(d)氣孔。

9. 植物的種子是由何者發育而來？ (a)花粉 (b)珠被 (c)胚珠 (d)子房。

10. 木材主要由下列何者所構成？ (a)次生韌皮部 (b)次生木質部 (c)皮層 (d)維管束形成層。

11. 胚乳係由精核與下列何者結合而成？ (a)反足核 (b)卵核 (c)極核 (d)助核。

12. 下列何者為死細胞？ (a)篩管細胞 (b)伴細胞 (c)管胞 (d)薄壁細胞。

13. 下列何者為一群未分化而分裂能力特別旺盛的細胞？ (a)基本組織 (b)輸導組織 (c)表皮組織 (d)分生組織。

14. 根部的哪一部分已分化出維管束及根毛，行使吸收水分、無機鹽之功能？ (a)根冠 (b)先端分生區 (c)延長區 (d)成熟區。

15. 下列有關植物保衛細胞之敘述，何者錯誤？ (a)不含葉綠體 (b)水分影響保衛細胞的膨壓 (c)保衛細胞內壁較厚、外壁較薄 (d)形成之氣孔內通氣室。

16. 下列有關葉片之敘述，何者錯誤？ (a)葉肉細胞含葉綠體 (b)葉肉由柵狀組織及海綿組織所組成 (c)柵狀組織葉綠體含量比海綿組織多 (d)葉的表皮細胞通常具有葉綠體。

17. 植物為了讓花粉能順利傳到雌蕊之上，發展出了各種傳粉方式，下列何者不是演化上的特質？ (a)產生大量體積小而重量輕的花粉 (b)花朵往往具有鮮豔色彩或蜜液 (c)花往往小而不起眼 (d)花粉往往有小刺或黏性。

18. 光合作用：$6CO_2 + 6H_2O$（光能）$\rightarrow C_6H_{12}O_6 +$ (a)氧 (b)氫 (c)二氧化碳 (d)一氧化碳。

19. 胚珠受精後，接著即發育成 (a)果實 (b)種皮 (c)胚乳 (d)種子。

20. 子房受植物體內生長激素之刺激而逐漸膨大發育成 (a)果實 (b)種皮 (c)胚乳 (d)種子。

21. 胚珠中之珠被會發育成 (a)果實 (b)種皮 (c)胚乳 (d)種子。

22. 將來種子發芽時所需養分即由何者負責？ (a)果實 (b)種皮 (c)胚 (d)種子。

23. 稻、麥、玉米中，我們食用的主要部分即為其 (a)果實 (b)種皮 (c)胚乳 (d)種子。

三、填充題

1. 植物要在陸地上生活就需克服下列挑戰：(1)（　　　　　）、(2)保持水分，克服乾燥、(3)水分和（　　　　　）的運輸、(4)（　　　　　）。

2. 孢子體和配子體間與植物的演化有密切關聯，愈原始的植物，其（　　　　　）在生活史中愈占優勢；越高等的植物，其（　　　　　）在生活史中越占優勢。

3. 在所有植物的生殖週期中，會有單套染色體(n)世代和雙套染色體(2n)世代交互出現的現象，稱為（　　　　　）。

4. 以下請填入單子葉植物與雙子葉植物構造之差異：

	單子葉植物	雙子葉植物
花瓣的數目	（　　　　　）的倍數	（　　　　　）的倍數
葉脈	（　　　　　）	（　　　　　）
維管束	（　　　　　）	（　　　　　）
根	（　　　　　）	（　　　　　）
種子具有子葉之數目	（　　　　　）	（　　　　　）
胚乳	（　　　　　）	（　　　　　）

5. 花的雄蕊的花粉囊內有雙套的小孢子母細胞，每個小孢子母細胞經（　　　　　）分裂而產生四個單套的小孢子。小孢子再經（　　　　　）次有絲分裂而成為一個具有（　　　　　）個核的花粉粒，其中一個稱為（　　　　　），另外一個稱為（　　　　　），此即雄配子體。

6. 花的雌蕊的子房內有胚珠，胚珠之中央處為珠心，在珠心中有一枚特別大的細胞稱為大孢子母細胞，會行（　　　　　）分裂而產生四枚大孢子。但其中三個大孢子會逐漸萎縮消失，剩下的一個再連續經（　　　　　）次有絲分裂而成為一個具有（　　　　　）個核的胚囊，此即（　　　　　）。

四、簡答題

1. 比較苔蘚與蕨類的相似點及相異點。

2. 試比較單子葉植物與雙子葉植物莖橫切面之不同。

3. 雙子葉植物根之橫切面由外而內有哪些構造。

4. 繪圖說明葉的內部構造。

5. 木質部由哪二種細胞構成？它們有何差異？

6. 何謂「伴細胞」？具有什麼功能？

7. 請繪出一朵完全花並標示各部位的名稱。

8. 請描述植物種子散布之方式。

9. 請描述開花植物雌、雄配子體發育的過程。

10. 開花植物有哪些傳粉方式？分別敘述。

11. 「多花果」和「集生果」有什麼不同？舉例說明。

你答對了嗎？　一、是非題：×○×○○　×○○○○

　　　　　　　　二、選擇題：accca　bdacb　ccdda　dcada　bcc

　　　　　　　　三、填充題：支持、養分、生殖、配子體、孢子體、世代交替、3、
　　　　　　　　　　　　　　4或5、平行、網狀、散生、環狀、鬚根系、軸根系、單、雙、
　　　　　　　　　　　　　　有、無、減數、1、2、管核、生殖核、減數、3、8、雌配子體

BIOLOGY

動物的生理學

第一個動物出現在距今約二十億年前。在變化無常的外在環境中，維持恆定不是一件簡單的事，故在本章我們會仔細討論動物體內各系統是如何成功達成恆定的條件，在我們討論動物生理學的同時也會介紹各種不同的動物，但最主要的重點還是在我們最關心的物種一人類身上。

4-1 營養與消化

營養的需求

生物需要進食主要為了兩個理由：第一，食物可提供化學能，能量以ATP的形式給予生命活力；第二，食物可提供生長和維持所需要的物質。有些生物需要的物質可自行合成，有些則必須靠食物來獲得。每一種生物必須有穩定且持續的能量供應來維持它的**基礎代謝率**(basal metabolic rate, BMR)。能量的單位以「卡(calorie)」來表示，一個中等體型的人基礎代謝率約為1,500~1,600仟卡／天(Kcal / day)。

身體中若食物無法提供足夠的能量稱為**營養不良**(undernourishment)。能量來源不足時身體開始分解自己體內的巨分子來提供ATP，因此會消耗一些組織以維持主要器官的功能。營養不良的孩童其生長和智力的發育都會受到影響，肌肉和神經系統也會因此遭受破壞。

很多動物（包括人類）無法自己製造維持生命所需的所有物質，這些生物體無法合成的營養物，稱為**必需營養物**(essential nutrients)。若缺乏其中一種或多種必需營養物，稱為**營養失調**(malnourishment)。營養失調時，並不能以食用過量的其他種營養物來補足，而必須適當供應所缺乏的物質。

一、水

水是所有必需營養物中最重要的，主要是運送物質、參與體內化學反應、維持體溫的平衡及維持體內電解質和酸鹼平衡。大多數動物體內一半以上的成分是水。若體內水分低於維持身體正常功能所需，即稱為**脫水**(dehydration)；若高於身體正常所需，即稱為**水腫**(edema)。一般情況之下，每天平均至少要喝下1~2公升的水來預防脫水。

二、碳水化合物

碳水化合物(carbohydrates)是由碳、氫、氧三種元素以1:2:1的比例組成的分子，也是人體的重要能量來源。碳水化合物包括穀類和蔬菜中的澱粉，其能分解為單醣（尤其是葡萄糖），單醣可直接由消化道吸收以提供身體所需的能量，此為食物中最快速的能量來源（表4.1）。

三、蛋白質

食物中的**蛋白質**(proteins)可消化分解成胺基酸，人體可利用食物中的胺基酸合成所需的蛋白質。有20種胺基酸在細胞蛋白質中被發現。動物只能自行合成一半的種類，其餘的則必須由食物中獲得。動物不能自行合成的胺基酸稱為**必需胺基酸**(essential amino acid)（表4.1）。

🐾 表 4.1　碳水化合物、蛋白質、脂肪

種類	來源	功能	每日需求量
碳水化合物	五穀類、塊根類、蔬果類、豆類、根莖類	1. 供給熱量。 2. 節省蛋白質的消耗，使蛋白質能調節生理機能。 3. 幫助脂肪在體內代謝，避免產生酮體。 4. 形成人體內的物質，修補組織。 5. 調節生理機能。	1. 每公斤體重需4~6 gm。 2. 占每日熱量50~60%。 3. 每1gm產熱4Kcal。
蛋白質	動物性蛋白、植物性蛋白	1. 維持人體生長發育及修補組織之主要來源。 2. 調節生理機能。 3. 供給熱能，但非主要熱量來源。	1. 每公斤體重需0.8~1 gm。 2. 占每日熱量15~20%。 3. 每1gm產熱4Kcal。
脂肪	動物性脂肪、植物性脂肪	1. 供給熱量。 2. 幫助脂溶性維生素A、D、E、K的吸收與利用。 3. 增添食物美味及飽腹感。 4. 絕緣、支持及固定身體的器官。	1. 每公斤體重需1~2 gm。 2. 占每日熱量20~25%。 3. 每1gm產熱9Kcal。

四、脂　肪

在體內，**脂肪**(fats)是細胞膜的成分，某些荷爾蒙亦由脂肪合成。但是，太多的脂肪會妨害其他食物的吸收，造成長期蛋白質或維生素缺乏。食物中含太多的飽和脂肪也會導致膽固醇過量堆積，因而引起心臟血管疾病（表4.1）。

五、維生素

動物體也需要許多小的有機分子－**維生素**(vitamins)（表4.2）。目前所知的維生素有14種，其中有10種屬於水溶性，身體無法貯存，若食物中含過量的水溶性維生素，則超過的量可由腎臟經尿液排除。另有4種脂溶性維生素，可貯存於體內的脂肪組織，若過量便具有危險性。

🐾 表 4.2　維生素

維生素	食物來源	功能
水溶性維生素		
維生素B$_1$（硫胺素，thiamine）	酵母菌、肝、穀物、豆類	1. 促進腸胃蠕動及消化液之分泌 2. 預防及治療腳氣病、神經炎 3. 為醣類代謝中重要的輔酶 4. 維持正常之心肌張力 5. 促進動物生長
維生素B$_2$（核糖黃素，riboflavin）	乳製品、蛋、蔬菜、豆類	1. 為熱量代謝過程中之輔酶 2. 輔助細胞氧化、還原之作用 3. 預防眼睛充血 4. 保護皮膚及黏膜，可預防口角炎
維生素B$_3$（菸鹼酸，niacin）	紅色的肉、家禽、肝、黃綠色蔬菜、魚、蛋、花生	1. 構成輔酶以輸送氫 2. 維持皮膚和神經系統的健康 3. 可預防癩皮病
維生素B$_6$（吡哆醇，pyridoxine）	乳製品、肝、全穀類、豆類、瘦肉	1. 為一種輔酶，協助胺基酸代謝 2. 使色胺酸轉變成菸鹼酸 3. 參與紅血球血基質的製造 4. 可預防多發性神經炎
泛酸(pantothenic acid)	綠色蔬菜、肝、肉、蛋、全穀類，廣泛的存在食物中	1. 為輔酶A的主要成分 2. 參與醣類、蛋白質及脂質之代謝 3. 維持細胞正常成長及中樞神經系統運作 4. 減輕過敏症狀，協助製造抗體

🐾 表 4.2　維生素（續）

維生素	食物來源	功能
葉酸 (folic acid)	綠色蔬菜、全穀類、豆類、蛋、肝	1. 促進紅血球生成 2. 可預防惡性貧血、舌炎 3. 促使核酸及核蛋白的合成
維生素B$_{12}$ （鈷胺，cobalamin）	綠色蔬菜、肉、乳製品、蛋、肝、酵母菌	1. 促使紅血球生成 2. 可預防惡性貧血 3. 維持神經系統正常 4. 協助核酸的合成
維生素H (biotin)	肝、酵母菌、蔬菜、腸內菌可製造一些	許多代謝過程中都扮演輔酶的角色
維生素C （抗壞血酸，ascorbic acid）	柑橘類水果、番茄、馬鈴薯、葉菜類、青椒	1. 促進傷口癒合 2. 協助鐵質的吸收及釋放 3. 抗氧化作用 4. 協助胺基酸新陳代謝 5. 促使膠原細胞合成 6. 可酸化尿液，預防泌尿道感染 7. 預防牙齦出血、壞血症
膽素(choline)	豆類、穀類、肝、蛋黃	尚未有關人體報告
脂溶性維生素		
維生素A (retinol)	水果、深黃或深綠色蔬菜、乳製品、肝、魚肝油、蛋黃	1. 維持上皮組織的完整 2. 促使牙齒及骨骼的生長發育 3. 協助夜間正常之視力調適 4. 預防乾眼症、角膜軟化症、夜盲症
維生素D (calciferol)	乳製品、魚油、蛋黃、肝臟、充足日照	1. 促使牙齒及骨骼的生長發育 2. 預防成人之軟骨症、骨質疏鬆 3. 調節鈣、磷的吸收與利用
維生素E (tocopherol)	肉、葉菜類、種子植物油、蛋黃	1. 抗氧化作用，可防止維生素A與不飽和脂肪酸氧化 2. 維持生殖機能，可預防流產及抗不孕作用 3. 形成紅血球所必須，防止溶血
維生素K (phylloquinone)	腸內菌、綠色葉菜類、肝臟、蛋黃、乳酪、肉類	1. 協助肝臟合成凝血酶原，促使血液凝固，預防出血 2. 是一種輔酶，參與磷酸化作用

六、礦物質

所有的生物都需要某些無機物質，這些無機物質稱為**礦物質**(minerals)，其中至少有14種是**必需礦物質**(essential mineral nutrients)（表4.3）。人體需要礦物質來建立組織，否則會導致生長遲緩、肌肉虛弱或貧血等。

🐾 **表4.3　必需礦物質**

礦物質	食物來源	功能
鈣 (calcium; Ca)	牛奶、小魚、小蝦、深綠色蔬菜、豆類	1. 促進牙齒及骨骼的生長發育。 2. 參與凝血作用。 3. 協調心跳及肌肉的收縮。 4. 活化酵素。 5. 維持正常神經之傳導。
磷 (phophorous; P)	魚、瘦肉、全穀類、牛奶、乾果、豆類	1. 促進牙齒及骨骼的生長發育。 2. 調節酸鹼平衡。 3. 合成細胞核蛋白。 4. 促使醣類與脂肪之新陳代謝。
鉀 (potassiun; K)	香蕉、柑橘類、瘦肉、內臟、番茄、芹菜	1. 維持體內水分及酸鹼平衡。 2. 調節神經的傳導。 3. 協調心跳。
氯 (chlorine; Cl)	蛋、奶類、肉類	1. 維持體內水分及酸鹼平衡。 2. 為胃酸之成分。
鈉 (sodium; Na)	鹽、醬油、奶類、蛋、肉、海產類	1. 維持體內水分及酸鹼平衡。 2. 調節神經傳遞與肌肉感受性。 3. 若缺少會引起愛迪生疾病(Addison's disease)。
鎂 (magnesium; Mg)	奶類、瘦肉、綠色蔬果、堅果類、五穀類	1. 構成骨骼之主要成分。 2. 調節生理機能。
鐵 (iron; Fe)	肝臟、瘦肉、蛋黃、深綠色蔬菜、全穀類	1. 合成紅血球，與銅、鈷同為造血之必需原料。 2. 促成抗體之合成。 3. 可預防貧血。
氟 (fluorine; F)	海產類、菠菜	1. 促進牙齒及骨骼的生長發育。 2. 可預防齲齒。

🐾 表 4.3　必需礦物質（續）

礦物質	食物來源	功能
鋅 (zinc; Zn)	海產類、奶類、蛋、五穀類	1. 組成核酸核蛋白。 2. 促使傷口癒合。 3. 幫助身體發育。 4. 促使嗅覺、味覺維持正常。
碘 (iodine; I)	海產類、奶類、蛋、五穀類、海藻類、肉、碘鹽	1. 合成甲狀腺球蛋白。 2. 調節新陳代謝。 3. 懷孕期缺乏會造成先天性碘缺乏症候群（胎兒呆小症）。
鈷 (cobalt; Co)	綠色蔬菜	為維生素B$_{12}$的一種成分，參與合成紅血球。

食物的消化及養分的吸收

捕食的成功與否影響著生物體的存活（圖4.1）。可以看到不同的生物，由於食物的不同而演化出非常多樣化的捕食法。一般，肉食動物吃動物；草食動物吃植物；雜食動物（如人類）兩者都吃；濾食性動物（如蛤）則是過濾並食入水中的食物顆粒；蚊子是液食的，牠們吃動物的血或植物的汁液。

🐾 圖4.1　動物獲取食物的方法。（由左上順時針方向）棕鵜鶘捕魚。蚊子吸血。牛吃草。多刺的太陽星(sun star)攻擊一隻綠色的海刺蝟。熊捕魚。

一、細胞消化

有些生物的消化作用僅在一個細胞內進行。如草履蟲是以含纖毛的口溝(groove)將食物帶入**胞咽**(cytopharynx)，胞咽是細胞膜特化的構造，在此可形成食泡（圖4.2）。食物顆粒進入蟲體必須被分解成可利用的形式，故食物會與溶小體(lysosome)融在一起形成消化泡（溶小體是一種內含消化酵素的胞器）。當食物消化成小分子之後會釋放到細胞質被利用，而溶小體不能消化利用的物質便由細胞的肛孔(anal pore)釋出。

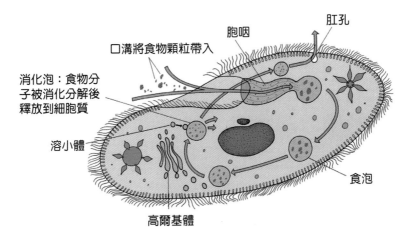

🐾 圖4.2　草履蟲食泡的形成。食物的消化由溶小體完成。

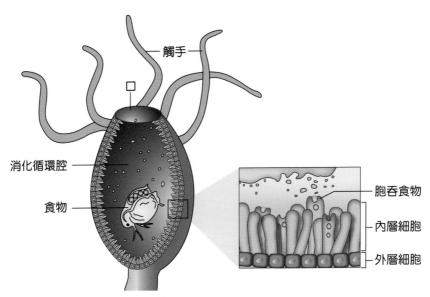

🐾 圖4.3　水螅的消化。

二、具消化循環腔的動物

消化循環腔(gastrovascular cavities)是形態最簡單的消化系統。它只有一個開口通往外界（圖4.3）。例如：水螅以觸手捕捉獵物送入此腔，腔壁內襯的細胞會分泌消化酶送入腔中來消化食物。消化分解後的食物被生物體的組織吸收，部分消化的食物會被送到腔壁細胞邊緣，最後在細胞內完成消化作用，未消化的食物則會由同一個開口排出體外。此種消化是由**胞外消化**(extracellular digestion)開始，再由**胞內消化**(intracellular digestion)完成分解食物的過程。

三、具管狀消化道的動物

很多動物演化成具有管狀的**食物通道**(alimentary canal)或稱為**腸**(gut)。此消化道有兩個開口，食物為單向通過，由**口**(mouth)食入，經消化道沿路磨碎、消化並吸收，不能消化的食物則由管子末端的開口或稱為**肛門**(anus)排出。在食物進入消化管道的入口時，有特化的構造可將食物先行磨碎成小的食物塊，例如：喙或牙齒。在鳥類更有一種特別的肌質構造叫**砂囊**(gizzard)，它能把食物磨成可消化的小塊。

四、人類的消化系統

人類的消化道又稱**胃腸道**(gastrointestinal tract)（圖4.4），由口、咽、食道、胃、小腸與大腸組成，長度約6~10公尺。消化道與附屬器官牙齒、舌、唾腺、肝臟、膽囊及胰臟構成消化系統。

A. 口腔

口腔內的**牙齒**(teeth)經由咀嚼動作可將食物分裂成更小的碎塊，使食物進入胃腸時更易於消化。口腔內含三對**唾腺**(salivary glands)，即耳下腺、頜下腺和舌下腺可分泌唾液澱粉酶(salivary amylase)。當食物進入口腔後，唾液的分泌增加，並將食物中的澱粉初步分解成雙醣。

B. 食道

食道(esophagus)連接咽及胃，長約25公分，吞嚥而來的食團進入食道時，食道的環狀肌會在食團後方像波浪般的收縮，把食團推往胃，這種肌肉收縮的情形稱為**蠕動**(peristalsis)。食道與胃的交接處，管壁的肌肉較厚，稱為**賁門括約肌**

(cardiac sphincter)。吞嚥時，此括約肌鬆弛，食團可進入胃，之後，此括約肌收縮防止食團逆流回食道。因進入胃的食團已和胃液混合，胃液很酸(pH = 2)，若逆流回食道，便會傷及食道。

C. 胃

胃(stomach)是一個大的肌肉質囊，可容納來自食道的食團，並且能控制食物進入小腸的速率。胃的化學性消化，主要是消化蛋白質。胃的內襯黏膜中含若干腺體細胞，有**黏液細胞**(mucous cells)分泌黏液，**主細胞**(chief cells)分泌胃蛋白酶原(pepsinogen)，**壁細胞**(parietal cells)分泌鹽酸（胃酸），靠近胃幽門處的黏膜會分泌**胃泌素**(gastrin)。在鹽酸

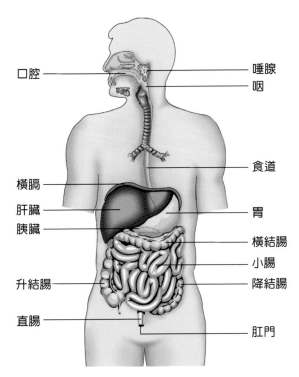

口腔　　　　　　　　　唾腺
　　　　　　　　　　　咽

　　　　　　　　　　　食道

橫膈
肝臟　　　　　　　　　胃
胰臟
　　　　　　　　　　　橫結腸
　　　　　　　　　　　小腸
升結腸　　　　　　　　降結腸

直腸
　　　　　　　　　　　肛門

🐾 圖4.4　人類的消化系統。食物咀嚼後由口腔送至食道抵達胃，在胃中食物停留1~5小時做部分的消化。食物最終的消化吸收場所是小腸，大腸仍可做一小部分水的吸收。肝臟、胰臟皆可分泌消化液，幫助消化的進行。

的作用下，胃蛋白酶原會轉變成具生理活性的胃蛋白酶(pepsin)，胃蛋白酶將蛋白質分解形成胜肽(peptides)。胃泌素是一種荷爾蒙，它可刺激鹽酸與胃蛋白酶原的分泌。黏液覆於胃的內壁以防止胃壁被鹽酸及胃蛋白酶消化掉。

D. 小 腸

在胃中，食團與胃液混合，軟化食團成液狀的**食糜**(chyme)。食糜通過胃的幽門括約肌(pyloric sphincter)抵達到小腸。**小腸**(small intestine)可分為三部分：**十二指腸**(duodenum)、**空腸**(jejunum)和**迴腸**(ileum)。幾乎所有的吸收作用都在小腸內進行。

從幽門括約肌以下長20~30公分稱為十二指腸，接著五分之二為空腸，剩下的五分之三為迴腸，再進入大腸。十二指腸是小腸的最上段。大部分的化學性消化是在十二指腸完成，這是靠三種不同來源的消化液幫忙－小腸、胰臟和肝臟（圖4.5）。

小腸具皺摺，其黏膜上皮形成指狀的突起稱為**絨毛** (villi)，絨毛的細胞膜又特化成**微絨毛**(microvilli)以增加消化與吸收作用的接觸表面積。營養物質可經絨毛吸收入血管或淋巴管（乳糜管）（圖4.6）。小腸能產生**蠕動**與**分節運動**(segmentation movements)。蠕動可將食糜沿著小腸推動。分節運動為小腸的主要運動方式，可將食糜來回推送，使食糜與消化液充分混合。

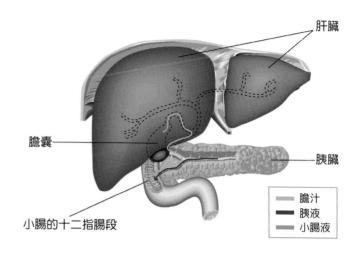

肝臟

膽囊

胰臟

小腸的十二指腸段

膽汁
胰液
小腸液

🐾 圖4.5　消化的主要場所是十二指腸，這是靠三種不同來源的消化液幫忙－小腸、胰臟和肝臟。

E. 胰 臟

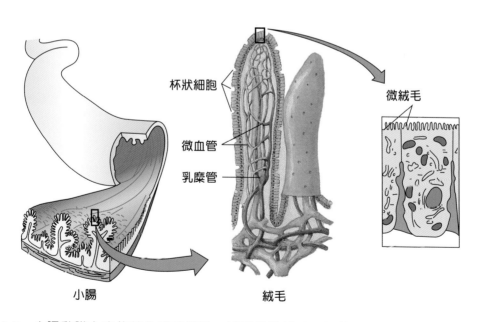

杯狀細胞

微血管

乳糜管

微絨毛

小腸　　　　　　　　　絨毛

🐾 圖4.6　小腸黏膜上皮的特化吸收構造－絨毛與微絨毛。營養物質可吸收入血流或淋巴管（乳糜管）。

　　胰臟(pancreas)分泌鹼性且富含消化酶的液體稱為**胰液**。胰液呈鹼性，可中止來自胃的食物中胃蛋白酶的作用，並造成小腸內消化作用的適當環境。胰液內同時含有非常豐富的酵素，可分解蛋白質、脂肪和碳水化合物。

F. 肝 臟

　　肝臟(liver)製造**膽汁**(bile)，可將脂肪乳化分解成脂肪小滴，此脂肪小滴再由胰液中的**脂肪酶**(lipase)繼續水解。**膽囊**(gallbladder)可貯存並濃縮膽汁。當食糜進入十二指腸，促使膽囊內的膽汁分泌到小腸。

G. 大 腸

　　大腸(large intestine)主要分為**盲腸**(cecum)、**結腸**(colon)和**直腸**(rectum)。小腸每天將500毫升左右的食糜送入大腸。在大腸，食糜不作化學性消化，因大腸並不分泌消化酶。每天進入小腸的液體約有9公升，大多數的水分在小腸吸收後，仍有1.5~2公升的水會進入大腸，其中除200毫升存於糞便外，其他的則在大腸吸收。大腸內含有很多細菌及身體所需的幾種維生素，包括維生素B與維生素K，都藉由大腸內細菌作用形成。

延·伸·閱·讀

胰 臟

　　胰臟同時具有外分泌腺及內分泌腺的功能，外分泌腺為腺泡細胞所組成，占胰臟細胞的99%，每日分泌約1,200~1,500毫升的胰液，內含**消化酶**；內分泌腺又稱為蘭氏小島，占胰臟細胞的1%，是由 α、β 及 δ 細胞所構成：(1) α 細胞分泌：升糖激素(glucagon)；(2) β 細胞分泌：胰島素(insulin)；(3) δ 細胞分泌：體制素(somatostatin)。

4-2 呼 吸

呼吸運動與氣體交換

　　所謂的**呼吸**(respiration)就是生物體與外在環境的氣體交換。生物體釋放二氧化碳，並由大氣中獲得氧。我們靠呼吸維持生命，如此，其他的生理活動才可以持續進行。而**呼吸系統**(respiratory system)便是由一群可與外界進行氣體交換的組織、器官所組成。

一、潮濕的體表、皮膚

　　很多小的生物體，例如原生動物、海綿動物和腔腸動物，體內每一個細胞離外在的環境皆不遠，只需要簡單的氣體擴散便能通過體表而滿足所需。有一些體表潮濕的陸生動物可利用皮膚來交換氣體，氣體經由一個薄而富含微血管網的潮濕上皮來擴散。

　　蚯蚓為陸生動物，靠體表的腺體分泌許多濃且濕的黏液覆於皮膚，使皮膚保持潮濕，如此氧才可以溶於水（黏液）中而擴散進入體內。且其皮膚下方便有細的微血管網，可方便氧與二氧化碳經皮膚與循環系統之間做交換（圖4.7）。其他以體表進行氣體交換的生物有很多例子。例如魚可經由皮膚交換氣體；兩棲類也有薄而潮濕的皮膚，利於交換氣體；爬蟲類與鳥類在其生活史的一個時期中，也可以利用皮膚進行氣體交換。植物也是以表皮來呼吸的生物，在沒有光合作用時，能量獲得來自有氧呼吸，並可直接由植物的體表進行擴散而交換氣體。

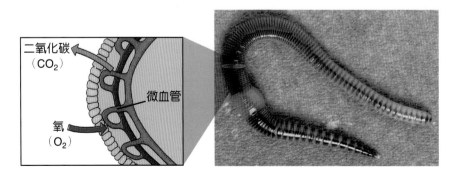

🐾 圖4.7　蚯蚓直接經由皮膚交換氣體，在體表下方有微血管，透過薄且潮濕的皮膚，使氧與二氧化碳的擴散更有效率。

較大型的生物（包括水生和陸生的）無法靠著擴散作用得到足夠的氧氣，其氣體交換的過程變得更複雜，故許多種類的動物因而發展出不同型態的呼吸系統來和環境做氣體交換。

二、鰓

鰓(gills)是在水中進行氣體交換的特化器官。鰓有自身體向外長出者稱為**外鰓**，或源自咽部的**內鰓**。其可露於生物的體表或以殼或骨骼保護起來。鰓為濕、薄且富含血管，可使缺氧血和充氧水之間進行氣體交換。交換的速率與鰓所攜帶的缺氧血和水接觸的表面積有關，所以鰓的構造必須有很多細小的突起，以增加氣體交換的表面積。

海星為棘皮動物，它的鰓是一種精細的組織，由體表直接伸出，鰓的表面覆蓋了針狀的突起物以防止鰓受傷，這些突起物使海星的表面接觸起來很粗糙。有些脊椎動物也有外鰓的構造，例如蠑螈(tiger salamander)在頭的兩側有羽毛狀的鰓，其鰓成串針狀是為了增加氣體交換的表面積（圖4.8）。

🐾 圖4.8　左圖為海星的鰓，可與環境的海水進行氧與二氧化碳的交換。右圖為蠑螈(tiger salamander)幼體的外鰓，可見其具有很多的表面積以進行氣體的交換。

魚有兩個大的內鰓，是由咽的內襯發育而來，這種內鰓被一種骨質的鰓蓋遮蔽而保護著，鰓蓋亦可幫助控制流過鰓的水流。魚的鰓有鰓弓構造，由此伸出鰓絲，每一個鰓絲都擁有一條入血管及一條出血管，在這兩條血管之間有密密麻麻的微血管網，此微血管網將許多細的突起物包起稱為**鰓板**(gill lamellae)（圖4.9）。當血液流過鰓板時釋出二氧化碳並擴散至水中，當水流過鰓板時，水中的氧分子即透過微血管壁擴散至血液而帶至身體的其他地方。

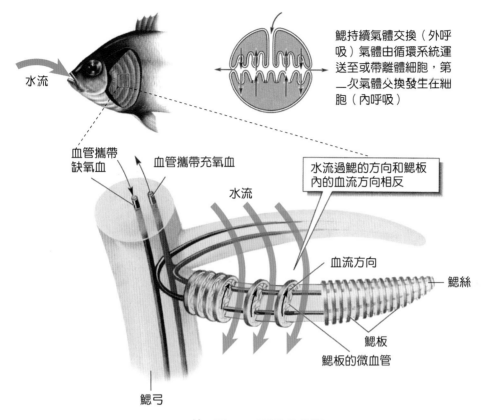

水流

鰓持續氣體交換（外呼吸）氣體由循環系統運送至或帶離體細胞，第二次氣體交換發生在細胞（內呼吸）

血管攜帶缺氧血

血管攜帶充氧血

水流

水流過鰓的方向和鰓板內的血流方向相反

血流方向

鰓絲

鰓板

鰓板的微血管

鰓弓

🐾 圖4.9　硬骨魚的鰓。

三、氣　管

　　大部分陸生節肢動物的呼吸系統是由分支的管子組成，這些管子稱為**氣管**（圖4.10）。節肢動物具有粗糙的幾丁質外殼，對氣體來說，幾乎是不透性的。然而氣體進入體內是經由體表上的小孔─**氣孔**(spiracles)，再一直沿伸到氣管，氣囊位於氣管的末端。氣管可再分支成小氣管，氣

小氣管　　氣囊　　氣管

氣孔

🐾 圖4.10　昆蟲的氣管系統。氧可藉氣管系統直接與需氧組織（如肌肉）接觸。

體經小氣管可直接與組織接觸，氧則自小氣管擴散到組織細胞，而二氧化碳便以相反的方向進行擴散，所以昆蟲的氣管系統可直接攜氧至組織。

四、肺

大多數現代的陸生脊椎動物，氣體由氣管帶入體內，氣管會一再分支而形成越來越細的支氣管，最後抵達**肺泡**(alveoli)。肺泡是氣體交換的場所，人類的肺約有3億個肺泡，可提供75平方公尺交換氣體的表面積。閉鎖式的循環系統，血液由心臟唧入肺後，在肺進行氣體交換，氣體在肺泡壁和微血管壁之間擴散運輸，血液在此則作為氣體運輸的介質。

鳥類需要很有效的氣體交換以滿足高代謝率、飛行及其他活動所需。流經鳥類肺的氣體屬於單向循環，比其他陸生脊椎動物更具效率。鳥除了肺之外，尚有氣囊的構造，空氣吸入後，交錯的流經肺與氣囊，以維持呼吸表面有持續性的氣體流動（圖4.11）。所以鳥類肺的呼吸表面最大的含氧量可高達21%。

氣管
前氣囊
後氣囊
肺

🐾 圖4.11　鳥類的肺與氣囊相連接，提供單向循環的氣流，如此可提高呼吸的效率。

五、人類的呼吸系統

人類由鼻或口吸入空氣，當氣體通過**鼻腔**、**咽**(pharynx)與**喉**(larynx)時，呼吸道內襯的黏膜上皮可分泌黏液，此黏液可潤濕空氣，並黏住灰塵顆粒。氣管位於食道的前面、喉的下方，其進入胸腔內分成兩條**支氣管**(bronchi)。支氣管進入肺時分支成更小的支氣管而形成**細支氣管**(bronchioles)，而後抵達肺泡，在肺泡進行氣體交換（圖4.12）。

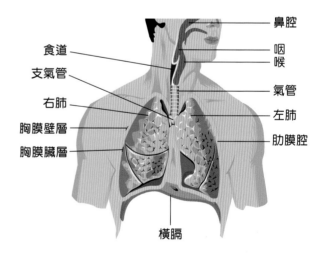

食道
支氣管
右肺
胸膜壁層
胸膜臟層
鼻腔
咽
喉
氣管
左肺
肋膜腔
橫膈

🐾 圖4.12　人類的呼吸系統。

呼吸的過程又稱肺的**換氣作用**，即大氣與肺之間交換氣體的過程。氣體在肺內的流動主要是靠氣體壓力差的變化。胸腔的擴張方式藉由橫膈的收縮使胸腔

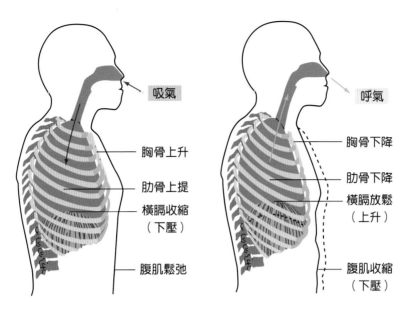

吸氣

呼氣

胸骨上升

肋骨上提

橫膈收縮
（下壓）

腹肌鬆弛

胸骨下降

肋骨下降

橫膈放鬆
（上升）

腹肌收縮
（下壓）

🐾 圖4.13　呼吸作用，胸腔與肺的變化情形。

底部下壓以增加胸腔的垂直徑，此時外肋間肌亦收縮，使肋骨往上提，並將胸骨往前推，增加胸腔的前後徑，如此一來胸腔變大，肺也膨大，造成胸內壓和肺內壓降低，低於大氣壓的壓力，使得空氣由大氣流到肺內，產生吸氣。呼氣亦由於壓力差所造成，當外肋間肌和橫膈鬆弛時，胸腔回復到原來的大小，肺的彈性組織回彈而使肺容積變小，如此肺內壓上升大於大氣壓時，使肺內的空氣排出（圖4.13）。

　　氧和二氧化碳氣體的交換發生在肺泡。肺泡壁非常薄且表面密布微血管，而肺泡與微血管接觸的地方就是氣體交換的地區，來自心臟的缺氧血在此獲得氧並釋出二氧化碳，肺泡將得自外界的氧送至血液中，並將來自血液中的二氧化碳輸出體外（圖4.14）。

　　由大氣中獲得的氧經肺泡而送至血液之中，只有少量的氧是以溶解在血液中的方式被運輸，超過98%的氧是和紅血球內的**血紅素**(hemoglobin)結合而運行。血紅素為一種攜氧蛋白質，含四條胜肽鏈，每條胜肽鏈包含一個含鐵原子的**血基質**(heme)，當血液通過肺時，血紅素上的四個鐵原子各與一個氧分子結合，而把氧運送到組織，當到達組織時，氧自血紅素解離，並釋放到組織。

　　葡萄糖或其他食物分子經氧化代謝之後產生二氧化碳。只有少量(8%)的二氧化碳可直接溶於血漿中運輸，另外一部分約11%的二氧化碳可與血紅素結合而運

輸。動脈血中的血紅素會攜氧至組織，將氧釋入組織時，由組織代謝而來的二氧化碳便可和釋放氧的血紅素結合。大部分（約81%）的二氧化碳是以重碳酸鹽離子(HCO_3^-)的形式於血漿中被運輸。

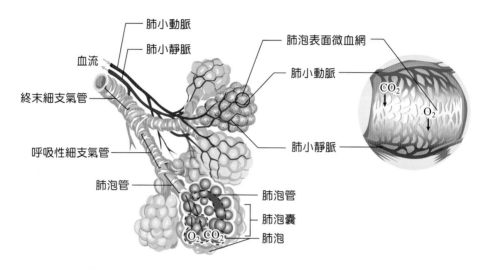

🐾 圖4.14　透過肺泡與微血管的薄壁進行氣體的交換。

呼吸的控制

呼吸的中樞在**延腦**(medulla)，它控制呼吸的基本節律，衝動由延腦經神經傳至橫膈和肋間肌等呼吸肌肉，造成呼吸肌肉節律的收縮和鬆弛，影響胸廓大小的變化而引發吸氣和呼氣。呼吸中樞的細胞對血液中二氧化碳的含量非常敏感，當血流中二氧化碳含量上升，延腦的呼吸中樞便會受到刺激而引起吸氣的反應，若呼吸中樞反應強烈，我們便無法由意志隨意的控制它。呼吸中樞的活動主要受血液中二氧化碳分壓的影響，二氧化碳分壓上升告知我們組織需氧的訊息。

 延·伸·閱·讀

一氧化碳中毒

一氧化碳是無色、無味的氣體，會和氧競爭血紅素的結合部位，且結合力很強，是氧的200~300倍，不易解離。所以，只要一點點的一氧化碳就可以阻撓血紅素與氧的結合，而影響呼吸系統的功能。故一氧化碳中毒，組織會缺氧，在幾分鐘之內便會死亡。

　　一氧化碳中毒的症狀有頭痛、昏昏欲睡和喪失方位知覺。最好的急救方法是給予很多的新鮮空氣和純氧。濃縮的氧具有高的氧分壓可以和一氧化碳競爭血紅素的結合部位。一氧化碳和氧的血紅素結合部位是一樣的，故一氧化碳中毒的血液外觀也和充氧血一樣是鮮紅色，而中毒患者臉部潮紅就是這個道理，急救者必須具有這種判斷常識。

氣 喘

　　氣喘(asthma)為一種過敏反應。氣喘時，氣管通道的平滑肌收縮，細支氣管因缺乏軟骨的支持，其管徑因而變小，增加了氣體流動的阻力，故吸氣時只有少量的氣體會進入肺內，氣喘患者經常是服用使氣管平滑肌鬆弛的藥物來緩解這種現象。

4-3 排 泄

　　多細胞生物的生理系統是由細胞階層之需求所決定的。這些需求中有三種是互相關聯的，即代謝廢物的排泄、鹽和水的調節以及體溫的調節。細胞利用養分之後產生的代謝廢物必須排除。

　　胺基酸的分解都會產生含氮的化合物。當胺基酸行脫氨作用時產生了氨(ammonia)，氨是有毒的，很少生物體能夠忍受高濃度的氨，所以必須盡快地排除或將其轉化成毒性較低的物質。將代謝廢物移到體外的過程，即稱為**排泄**(excretion)。

處理含氮廢物的策略

　　動物以三種形式排出體內的含氮廢物：**氨、尿酸**(uric acid)及**尿素**(urea)。

一、氨的排泄

　　大部分單細胞生物採用最簡單的方法排泄氨，即是讓氨擴散進入細胞外的水中。由於氨在水中的溶解度相當高，許多水生無脊椎動物就讓氨被動擴散進入環境的水域中。

淡水魚體表有很厚的鱗，而使氨的擴散作用受阻，所以牠們利用鰓讓氨擴散出去，其次再利用腎臟收集血中的氨，集中在尿液中排到體外。

二、尿酸的排泄

陸生動物通常要保存體內的水分，所以也沒有大量的尿液可以將氨稀釋帶出體外。為了不使氨累積在體內，鳥類、爬蟲類與昆蟲利用肝臟將氨轉化成為尿酸。尿酸比氨的毒性低，而且也較不溶於水，因此可以使生物體保有較多的水分。

三、尿素的排泄

在哺乳類動物及兩生類動物，氨進入肝臟代謝形成尿素，之後再釋入血液中，最後由腎臟將尿素從血液中移出排於尿(urine)中。

排泄系統

一、單細胞生物

處理排泄及生物體內水分平衡之最簡單方式是單細胞生物的擴散作用。缺乏堅硬細胞壁的淡水生物必須面對不斷滲透進入細胞內的水分。在四周都是水的情況下，細胞體積可能在短短的數分鐘內就增加了一倍，解決這個問題的方法之一就是**伸縮泡**(contractile vacuole)，例如草履蟲（圖4.15）。

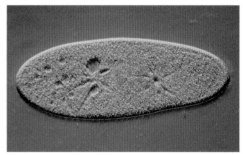

🐾 圖4.15　草履蟲的伸縮泡是一種可以從細胞質收集水分的胞器（左圖），隨後將其排至細胞外（右圖）。

二、渦　蟲

渦蟲沒有循環系統，卻有排泄系統。該系統是由充滿體內的**排泄管**(excretory canals)網路組成，再以**腎孔**(nephridiopores)與外界連繫。排泄管的末端呈球狀，上有內含纖毛的細胞。這些擺動著纖毛的細胞看起來像是搖動的火焰，所以稱為

焰細胞(flame cells)（圖4.16a）。排泄系統的演化過程之中，焰細胞是最早出現的結構之一。

三、蚯蚓

　　蚯蚓因具有閉鎖式循環系統，代謝廢物可先經由血液收集再傳送至排泄系統中。蚯蚓的排泄系統由**腎管**(nephridia)組成（圖4.16b），每節蟲體均含有一對腎管，腎管上纏繞著一團微血管，血液中的廢物就是由此送入腎管內，再貯存於腎管遠端的膨大處，然後定期的經腎孔排出體外。

四、昆蟲

　　昆蟲排除含氮廢物的構造稱為**馬氏管**(malpighian tubules)。馬氏管藉著開放式循環體液流動的作用收集含氮廢物。馬氏管中的廢物並不直接排出體外，而是在後腸前端將代謝廢物引入後腸，後腸上皮組織將其中的水分及離子重新吸收，剩下來硬的糞便就由肛孔排出（圖4.16c）。

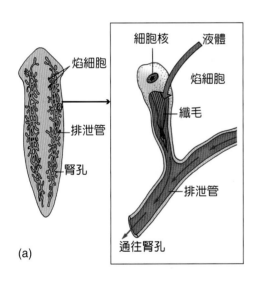

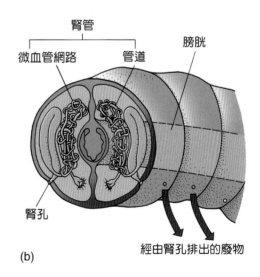

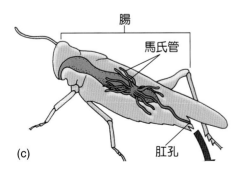

🐾 圖4.16　生物體的排泄系統差異極大：(a)渦蟲經由排泄管的網路以排泄管末端的焰細胞推動液體和含氮廢物，將之引入管中，經腎孔排出；(b)蚯蚓在每一體節含有一對腎管，腎管上纏繞著一團微血管，廢物即由此進入腎管而後經腎孔排出體外；(c)昆蟲具有馬氏管的網路可以收集廢物引入消化系統。

五、脊椎動物

脊椎動物以腎臟維持水分平衡與排出含氮廢物。腎臟位於腹腔，左右成對，有十分豐富的血液供應。它依據環境的差異與需要來保存體內適度的水分。

六、人類的排泄系統

人類的排泄系統包括泌尿系統、肺臟、消化道與皮膚。在肺中水分與二氧化碳隨著呼氣排出體外，而皮膚則藉著流汗排除水分與含氮廢物。

人體的排泄系統能夠維持體內水分平衡，並排出有毒的含氮廢物。**腎臟**(kidney)是排泄系統中重要的器官之一。人體的腎臟是成對的，其位於腹腔後壁。腎臟移出其中部分的水分與代謝廢物以形成尿。尿進入腎盂，再導入**輸尿管**(ureters)。輸尿管通往**膀胱**(bladder)，尿液就是在此貯存。最後，尿液經由**尿道**(urethra)而排出體外（圖4.17）。

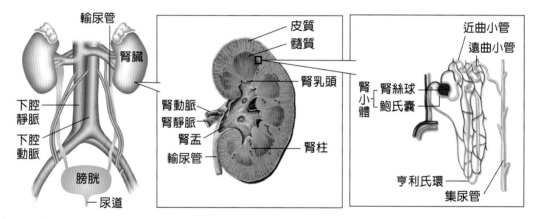

🐾 圖4.17 人類的排泄系統。腎臟從循環系統移出代謝廢物，將之濃縮成尿而後貯存在膀胱中以備排泄。縱切面圖顯示了腎臟的內部構造。

腎臟製造尿液的功能單位稱為**腎元**(nephron)。每一個腎臟約含有一百萬個腎元。每一個腎元是由**腎小體**(renal corpuscle)與**腎小管**(renal tubule)組成。腎小體包含腎絲球與鮑氏囊；腎小管包含近曲小管、亨利氏環與遠曲小管。腎小體可過濾血液形成**濾液**(filtrate)，濾液經腎小管再吸收、濃縮與分泌之後匯入集尿管，再導入腎盂經輸尿管進入膀胱。膀胱是由平滑肌所構成具有彈性的器官。膀胱可容納800毫升的液體，當其內的尿液超過大約200毫升時，膀胱壁的平滑肌開始被拉長，此時膀胱壁的神經細胞開始將訊息傳至腦部，因此有膀胱漲滿的感覺及引起

排尿的欲望，膀胱平滑肌收縮，膀胱與尿道之間的內括約肌放鬆，此時會有下意識的排尿反射，雖然膀胱的排空是由反射作用控制，但大腦控制了外括約肌，故排尿動作可以隨意被引發或停止，當內、外括約肌都放鬆時尿液就排出來了。

水平衡的控制

在缺水的情況下，節約水分勿使其流失是腎臟的功能之一。當水分的攝取量高於平常的時候，腎臟也能夠產生大量稀薄的尿，如此可以防止體液過於被稀釋。排泄系統如何在缺水的時候產生較濃的尿，而在水分攝取過多的時候產生稀薄的尿呢？請看下文說明。

一、抗利尿激素與集尿管

集尿管對於**抗利尿激素(ADH)**的反應使得腎臟可以調節水分的平衡。血液中ADH的濃度是由下視丘與腦下腺後葉控制。下視丘監視血液的滲透壓，過高時，下視丘製造的ADH便會經腦下腺後葉將之釋入血液中。ADH作用在集尿管的管壁細胞時便增加管壁細胞對尿液水分的再吸收。當血液滲透壓太低時，ADH的釋出即被抑制，以防止水分在體內滯留。排泄系統以此種方式調節體內的水分平衡，當水分少的時候加以貯水，當水分多的時候增加排水。

二、口渴的感覺

血液中水量的變化除了影響腎臟之外，也影響中樞神經系統。口渴的感覺是在下視丘產生的，其原因可能與引起ADH分泌的原因相同。由於口渴的感覺，下視丘調節水分平衡，控制排泄系統以減少水分的喪失，同時增加飲水的行為（圖4.18）。

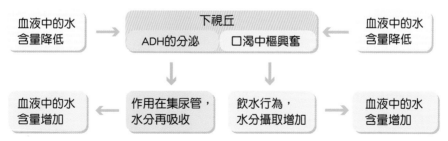

🐾 圖4.18　當下視丘偵測到血液中水含量降低時，會分泌ADH並引發飲水行為，以增加血液中水含量。

三、醛固酮

雖然ADH與飲水行為兩者共同調節體內水分與離子的濃度，然而這兩者卻沒有直接控制血量。血量之控制除了ADH之外，還有另一種荷爾蒙。當血量下降，血壓也隨之下降，引起腎臟分泌一種稱為**腎活素**(renin)的酵素，其可活化一種荷爾蒙—**血管收縮素**(angiotensin)。血管收縮素有兩種效應：其一是使小動脈收縮，造成血壓上升；其次它刺激腎上腺皮質產生**醛固酮**(aldosterone)。醛固酮可刺激腎小管增加鈉離子的再吸收和鉀離子的排泄。因為鈉離子的再吸收，使得血中鈉離子的濃度增加，間接增加水分的滯留，造成血量上升，血壓回升（圖4.19）。

🐾 圖4.19　灌流腎臟血量不夠時，即血壓隨之下降，此時引發腎臟分泌腎活素，腎活素可催化血管加壓素，其一使小動脈收縮，其二使腎上腺分泌醛固酮，二者之作用均可使血量增加，以達血壓回升之效果。

4-4　循環與免疫

循環系統

循環系統(circulation system)其功能為攜帶溶解的氣體、食物、廢物、化學訊息，甚至把活細胞運送到身體的每一個器官，周而復始。循環系統包括了運輸物質的液體稱為**血液**(blood)，讓血液通過的管道稱為**血管**(vessels)，及迫使血液在血管內流動的器官稱為**心臟**(heart)。

水螅是一種簡單的多細胞動物，由兩層細胞構成，食物被捕捉之後會被帶入生

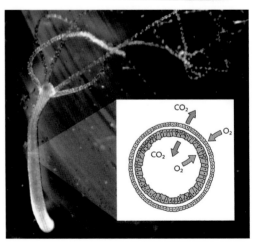

🐾 圖4.20　水螅的兩層細胞構造，氧和二氧化碳可在環境與每一層細胞之間進行擴散。

物體中心一個大的消化腔中，同時水流也可進出此消化腔，如此每一個生物體內的細胞便可直接與環境接觸，並不需要特化的運輸系統（圖4.20）。

大多數的軟體動物和節肢動物具有**開放式循環系統**(open circulatory systems)。以蚱蜢為例，在身體後部的背側擁有「心臟」，此心臟為一個肉質的管子，心臟將血液唧入前端的血管之後引流到身體各部位，血液在體內均勻分布之後，經由側面稱為**ostia**的開口再流回心臟（ostia具有一個單向導向的瓣膜，可防止心臟收縮時血液的回流）。血液可自由的在體腔內流動，身體的組織則直接浸泡在血液之中。在此，血液可攜帶養分和廢物但並不攜帶氣體，因為昆蟲呼吸系統中的**氣管**(trachea)便可直接攜帶氣體至組織（圖4.21）。

環節動物（如蚯蚓）、棘皮動物（如海參）和脊椎動物則具有**閉鎖式循環系統**(closed circulatory systems)。以蚯蚓為例，在它的前端有幾個肉質性的「心臟」，數條血管順著身體分布，而且每個體節內都有成對橫向的血管，心臟可將血液唧出而在血管內推進（圖4.21）。

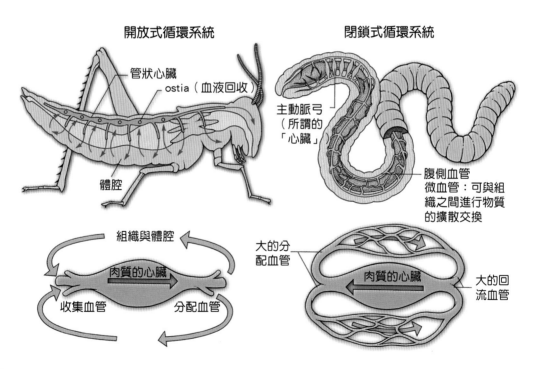

🐾 圖4.21　左圖為蚱蜢的開放式循環系統，血液強迫流入動物肉質的心臟之後再滲到組織，然後血液再經ostia回到心臟。右圖為蚯蚓的閉鎖式循環系統，血液被限制在血管內流動，且具有較高的血壓，可使血液更快速的運輸。

　　心臟的組成在無脊椎動物中隨著生活型態的不同而有很大的差異，但在脊椎動物體內變化較少，最大的不同是腔室的數目（圖4.22）。

哺乳類與鳥類　　右心房　左心房　右心室　左心室　　體微血管

兩生類與爬蟲類　　右心房　左心房　心室　肺微血管　　體微血管

魚類　　心室　心房　　鰓微血管　心室　心房　體微血管

🐾 **圖4.22　脊椎動物的心臟。**

人類的血液循環

一、血 管

　　血管包括**動脈**(arteries)、**靜脈**(veins)和**微血管**(capillaries)（圖4.23）。動脈將血液由心臟帶出，管壁由內往外分別是內皮、彈性纖維、平滑肌及結締組織層。動脈管壁厚實且具有彈性。微血管連接小動脈和小靜脈，其管壁僅含單層扁平上皮細胞，這樣細小的血管形成之微血管網幾乎遍布所有的細胞附近，營養物和廢物則可透過微血管在血液與細胞之間進行交換。靜脈的管壁，基本上與動脈一樣，但所含的彈性纖維和平滑肌較少。由於靜脈離開心臟很遠了，其血壓比動脈要低的多。許多靜脈具有**瓣膜**(valves)，使血液回流時可對抗地心引力以防止血液逆流。某些脊椎動物的靜脈常在骨骼肌附近，當骨骼肌收縮時會壓迫通過其間的靜脈，導致瓣膜打開，此壓力會使血液流向心臟。反之，當肌肉鬆弛時，瓣膜關閉以防止血液逆流（圖4.24）。

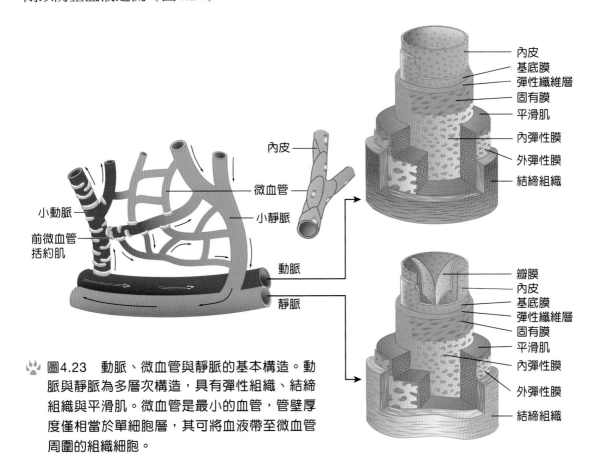

🐾 圖4.23　動脈、微血管與靜脈的基本構造。動脈與靜脈為多層次構造，具有彈性組織、結締組織與平滑肌。微血管是最小的血管，管壁厚度僅相當於單細胞層，其可將血液帶至微血管周圍的組織細胞。

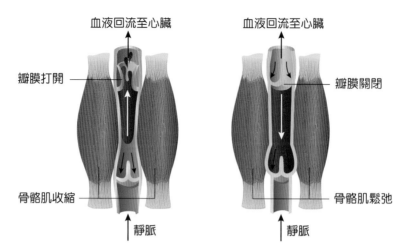

🐾 圖4.24　很多靜脈位於骨骼肌附近，當骨骼肌收縮可幫助血流通過靜脈。靜脈具單向導向的瓣膜，可防止血液逆流。

二、心臟的構造

　　人類的心臟是一個比拳頭稍大的肌肉臟器，位於胸腔內介於兩肺之間的圍心腔內。心臟分為四個腔室，有**兩心房**(atrium)及**兩心室**(ventricle)。心房收集靜脈的回流血液，心室壓迫血液離開心臟。房室之間具**房室瓣**(atrioventricular valves)，其關閉可使心室收縮，並不會造成血液逆流回心房。另一種瓣膜位於離開心室的動脈，有位於肺動脈幹離開右心室的開口處之**肺動脈瓣**(pulmonary valves)，以及位於左心室與主動脈的開口處之**主動脈瓣**(aortic valves)，二者又稱**半月瓣**，此種動脈瓣膜關閉，可防止血液自肺動脈或主動脈逆流回心臟（圖4.25）。

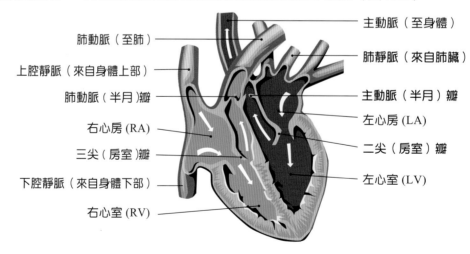

🐾 圖4.25　血液在心臟各腔室流動的情形。

三、心臟的血流

自全身所流回的缺氧血經上腔靜脈及下腔靜脈回流至右心房再進入右心室之後，血流會經**肺動脈**(pulmonary arteries)流至肺。在肺中經由氣體交換，缺氧血變成充氧血。此充氧血由肺經肺靜脈流回左心房再至左心室之後，注入**主動脈**。**主動脈**為厚且肌肉化富彈性的血管，由主動脈血流可流向體循環的每一個分支，將充氧血液送往全身各部位（圖4.26）。

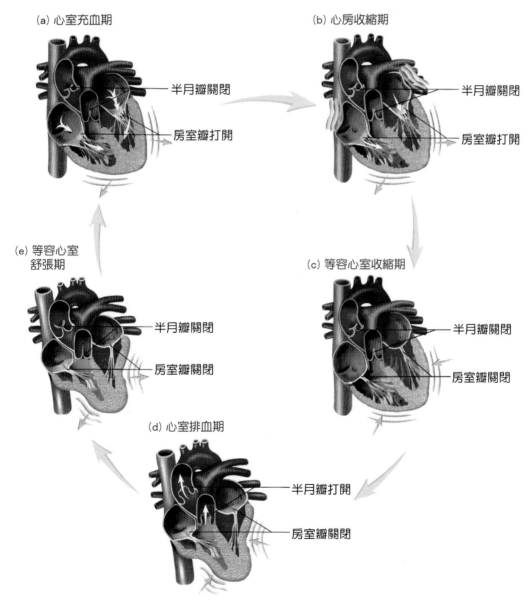

(a) 心室充血期
半月瓣關閉
房室瓣打開

(b) 心房收縮期
半月瓣關閉
房室瓣打開

(e) 等容心室舒張期
半月瓣關閉
房室瓣關閉

(c) 等容心室收縮期
半月瓣關閉
房室瓣關閉

(d) 心室排血期
半月瓣打開
房室瓣關閉

🐾 圖4.26 心臟的幫浦動作決定心臟瓣膜的開啟或關閉。(a)(b)(c)當心室鬆弛血流由心房流至心室；(d)(e)當心室收縮，房室瓣關閉，血液由心室打至主要的兩條血管，使血液流向肺與全身。

延·伸·閱·讀

心 跳

心臟本身具有傳導系統，包括竇房結、房室結、希氏束和普金奇氏纖維，這些特化的心肌組織能產生並傳導衝動以刺激心肌細胞的收縮。衝動起始於右心房上方的竇房結(sinoatrial node)，又稱節律點(pacemaker)。竇房結具自我興奮性可發動心臟的收縮。此興奮波可藉間隙接合傳至兩心房的所有心肌細胞，造成兩個心房的收縮

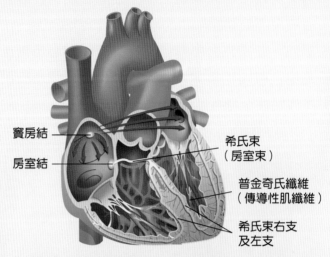

竇房結

房室結

希氏束
（房室束）

普金奇氏纖維
（傳導性肌纖維）

希氏束右支
及左支

🐾 圖4.27　心跳起始於心臟的竇房結，此種收縮以波型方式傳遍心臟。源自房室結的傳導性肌纖維則會造成心室的收縮。

以強迫血液流入心室，同時將此衝動傳抵心房間隔下方的房室結(atrioventricular node)，接著再經由來自房室結的左右稱希氏束或房室束(atrioventricular bundle)及普金奇氏纖維或稱傳導性肌纖維(conduction myofibers)刺激心室的心肌細胞而造成心室的收縮。心室收縮造成血液流出心室並通過半月瓣（圖4.27）。由房室結到心室的肌肉壁約需1/10秒的時間，故心室的收縮比心房的收縮要遲。

血液由右心室注入肺動脈流經肺，再經肺靜脈回至左心房，稱為**小循環**或**肺循環**；由左心室將血液注入主動脈流經全身各部位後，再由上、下腔靜脈回至右心房，稱為**大循環**或**體循環**。

血液的組成與功能

血液是一種活的組織，其中含有幾億個活細胞，且每個細胞都具有功能。血液的功能如下：(1)運輸營養物、廢物和氣體；(2)維持恆定的內在環境；(3)負責生物體的防禦並抵抗疾病。血液由兩個部分組成，即**血漿**(plasma)及**血球**(blood cells)。血漿占血液容積的55%，血球則占血液容積的45%（圖4.28）。

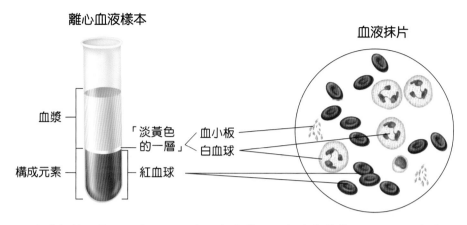

離心血液樣本

血漿

構成元素

「淡黃色的一層」

血小板
白血球
紅血球

血液抹片

🐾 圖4.28　血液經離心後，分為兩層。上層為血漿，占血液容積的55%；下層為血球，占血液容積的45%，主要含有紅血球、白血球及血小板。

血球有紅血球(erythrocytes, red blood cells)、白血球(leukocytes, white blood cells)及血小板(thrombocytes, platelets)三種。主要的是紅血球，每毫升血液中約有500多萬個。其為雙凹圓盤狀，哺乳類動物的成熟紅血球不具細胞核（圖4.29）。紅

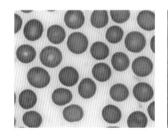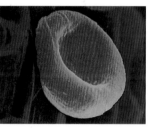

🐾 圖4.29　分別以光學顯微鏡（左圖）、掃描式電子顯微鏡（右圖）觀察人類的紅血球。

血球在骨髓中快速分裂並成熟，含有大量的血紅素(hemoglobin)，可攜帶氧。

　　白血球內含細胞核和極具活性的胞器，但不含血紅素（表4.4）。白血球可分為兩大類，第一類是從骨髓而來的顆粒性白血球，這種血球細胞質內有顆粒，經染色又分成**嗜中性球**(neutrophils)、**嗜酸性球**(eosinophils)和**嗜鹼性球**(basophils)。第二類是無顆粒性白血球，這種白血球細胞質內沒有顆粒，是從淋巴組織和骨髓而來，又分成**淋巴球**(lymphocytes)和**單核球**(monocytes)（圖4.30）。白血球在免疫系統中占有重要地位，當細菌、病毒和寄生蟲侵入時可做適當的防禦。微生物侵入組織時，白血球會移動並穿過血管壁往微生物處靠近並吞噬它們，顆粒性白血球與單核球都屬於**吞噬細胞**(phagocytes)。淋巴球則與免疫作用有關，其可製造抗體—是一種蛋白質，可攻擊並摧毀外來物。除了血液之外，淋巴液中也含有淋巴球。

🐾 表4.4 白血球與其功能

細胞種類	功　能
吞噬細胞(phagocyte)	
嗜中性球(neutrophil)	最先到達受傷處參與對抗微生物的早期戰疫
單核球(monocyte)	第二到達受傷處的是單核球，它會轉變為巨噬細胞；吞噬外來物，將抗原呈現給淋巴球，刺激淋巴球增生
嗜酸性球(eosinophil)	對過敏原與寄生蟲產生反應
淋巴球(lymphocyte)	
毒殺T細胞(cytotoxic T-cell)	破壞被病毒感染的細胞與癌細胞（具專一性）
輔助T細胞(helper T-cell)	刺激B細胞和毒殺T細胞的增生
抑制T細胞(suppressor T-cell)	降低免疫反應
記憶T細胞(memory T-cell)	記憶免疫反應
B細胞(B-cell)	當被外來物和輔助T細胞刺激時會產生漿細胞和記憶細胞
漿細胞(plasma cell)	分泌抗體
記憶細胞(memory cell)	在第二次免疫反應中對抗原產生反應
自然殺手細胞(natural killer cell)	直接摧毀被病毒感染的細胞與癌細胞（非專一性）
嗜鹼性球(basophils)	在發炎反應中釋出組織胺

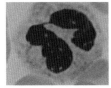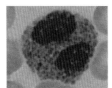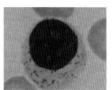

🐾 圖4.30 五種白血球，由左至右為嗜中性球、嗜酸性球、嗜鹼性球、單核球、淋巴球。

不同種類的白血球滲入局部發炎部位，首先到達的是嗜中性球，其次是單核球，最後是T淋巴球（圖4.31）。

血小板是來自骨髓中的一種血球細胞－**巨核細胞**(megakaryocytes)，巨核細胞的細胞質碎裂後，其細胞質碎片釋放到血液循環中形成血小板。當血管受損或破裂時，血管壁平滑肌的收縮，可

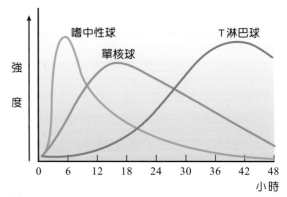

🐾 圖4.31 白血球滲入發炎部位的種類及發生的時間。

減少血液的流失。若有小傷口，往往流血幾秒鐘或幾分鐘之後，血流便停止並開始凝固，而血液凝固反應需要血小板的幫忙。

非專一性防禦與專一性防禦

我們四周的環境中，充滿了許多等待機會便會藉呼吸道或皮膚傷口入侵的病原。幾乎任何一種生物，包括細菌在內都可能被一種或數種病原侵害。最常見的病原包括病毒、細菌、原蟲、真菌及寄生蟲。人類的免疫系統能夠在這些病原入侵人體時，提供防禦的作用。

一、非專一性防禦

身體對抗病原的第一種方法就是防止病原的進入。其物理、化學或生物的各種障礙稱為**非特異性的免疫機轉**(nonspecific defense mechanisms)，可以防止許多病原進入生物體內。

皮膚(skin)和黏膜是抵抗病原的第一道也是最大的防線。通常病原只有在皮膚破裂或特別薄弱的地方才能進入體內，例如口、鼻與生殖器的黏膜。灼燒部位的皮膚特別容易受到感染。**皮脂腺**(sebaceous gland)產生的**油脂**(sebum)可以抑制細菌與黴菌的生長。因受到皮脂腺與汗腺的影響皮膚呈酸性（pH值3~5），可以防止許多潛在病原的成長。在皮膚較薄而脆弱的地方有其他非特異性的免疫機轉。呼吸道表面有許多黏液可以使微生物陷於其中。呼吸道的纖毛細胞可將黏液推向咽，並由咽部再吞入消化道，使得陷入黏液中的微生物被消化道的酵素分解。大多數進入口腔與泌尿生殖開口的細菌都被分解細胞壁的**溶解酶**(lysozyme)所分解。溶解酶也存在淚水中，如此可以保護眼睛表面。

當皮膚被切開或撕裂的時候，細菌進入傷口，並在該處生殖、成長且釋出毒素。細菌的入侵引發一種稱為**發炎反應**(inflammatory response)的非特異性免疫機轉。發炎能使皮膚的顏色變紅（圖4.32）。靠近皮膚表面的**肥大細胞**(mast cells)釋出**組織胺**(histamine)，使得靠近傷口的血管膨脹，液體從這些血管滲入組織，造成局部腫大。從傷口組織釋出的組織胺會引導數種白血球活動。

在傷口區域會聚集大量**吞噬細胞**(phagocytes)吞噬與消化細菌。循環血液中的**單核球**(monocytes)在被吸引至傷口區域後，會變成大的巨噬細胞(macrophages)吞噬細

菌。細菌產生的毒素殺死了許多白血球，數小時之後充滿白血球與細菌的液體增多。傷口區域的細胞活動增加造成溫度上升。傷口變得紅、熱，對於碰觸也較敏感。逐漸地，發炎受到控制，而傷口開始癒合。

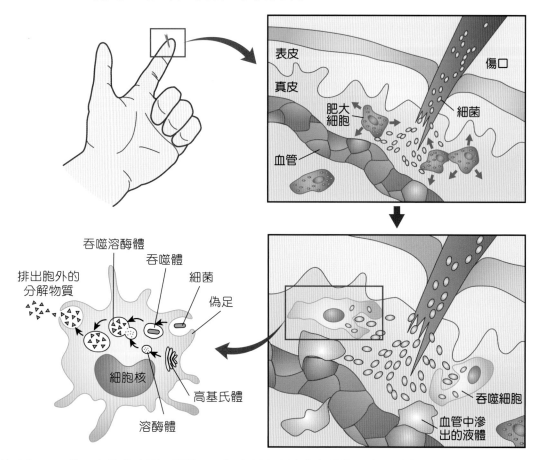

❤ 圖4.32　傷口細胞的改變。即使一小根木刺也會造成急性的反應，稱為發炎(inflammation)。

二、專一性的防禦

　　免疫系統可以保護身體免受感染，因此就像便衣警察一樣，其細胞不能被限定於一個地點，細胞必須在體內移動才能發現所有的感染。因此免疫系統的主要成分是在血液中循環的細胞。專一性免疫系統的最重要成員之一是**淋巴球**(lymphocytes)，它存在於淋巴管、淋巴結、脾臟、胸腺與循環的血液中（圖4.33）。淋巴球一共有兩類，分別是**B細胞**(B-lymphocytes, B-cells)與**T細胞**(T-lymphocytes, T-cells)。這兩種細胞的外觀一樣，但是功能卻不一樣。

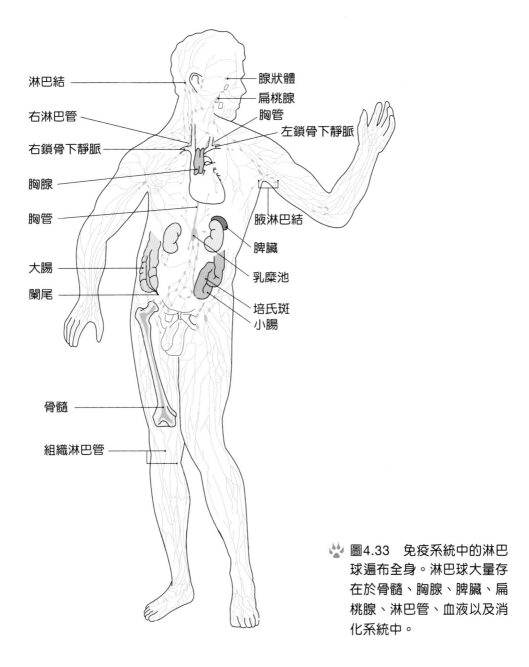

淋巴結

腺狀體

扁桃腺

胸管

右淋巴管

左鎖骨下靜脈

右鎖骨下靜脈

胸腺

胸管

腋淋巴結

脾臟

乳糜池

大腸

闌尾

培氏斑

小腸

骨髓

組織淋巴管

🐾 圖4.33　免疫系統中的淋巴球遍布全身。淋巴球大量存在於骨髓、胸腺、脾臟、扁桃腺、淋巴管、血液以及消化系統中。

　　B細胞的功能是產生**抗體**，抗體是免疫系統的化學武器，即**免疫球蛋白**（簡寫**Ig**），可分為5類：IgG、IgA、IgM、IgD及IgE，會引發免疫反應（表4.5）。每一個成熟的B細胞只針對一種特異的抗原產生一種抗體。由於抗體在血液與其他的體液中循環，它的作用稱為**體液性免疫反應**(humoral immune response)。

🐾 表 4.5　免疫球蛋白占抗體比例與功能

免疫球蛋白	占全部抗體的%	功能
IgG	75~85%	循環中的主要抗體，在免疫反應後期製造出來，分子量最小，數量最多，唯一可通過胎盤的抗體
IgM	5~10%	在免疫反應的早期製造，分子量最大
IgA	5~15%	主要在黏膜分泌液中
IgD	0.2~1%	在淋巴球表面
IgE	0.002~0.5%	數量最少，在過敏時出現

延·伸·閱·讀

　　愛滋病(AIDS)又稱為後天性免疫不全症候群(acquired immune deficiency syndrome, AIDS)，在熱帶非洲首先被發現。其病原為人類免疫不全病毒(human immunodeficiency virus, HIV)，不但能避免免疫系統的反應，而且能直接攻擊免疫系統。

　　AIDS在中非有多年未被診斷出來，因為病人多死於其他已知的感染性疾病，此外非洲的醫療不發達也是原因之一。AIDS緩慢地由非洲傳向歐洲及海地，然後傳向美國、拉丁美洲及亞洲。1970年代中期，在歐洲與美國首先發現AIDS病例，這些病人通常死於常見的感染性疾病，但令醫師不解的是病人的免疫系統為什麼不能抵抗這些感染。最後，這些病毒大量地進入西方世界，這是由於西方世界中有同性戀的團體及注射毒品時共用針頭的習慣，同時這種疾病也在中非異性戀活動頻繁的人之間廣泛傳布。

　　AIDS的傳染是藉由性行為與血液感染，因此使得社會很難控制這種疾病。

一、HIV感染的生物學

　　HIV是能夠感染淋巴球與上皮細胞的反轉錄病毒。其外殼是醣蛋白，核心是兩個RNA分子，HIV會攻擊T細胞，因為它的外殼蛋白質特別容易與T細胞的細胞膜結合，然後它的核心部分就進入T細胞內部。病毒隨後在其中合成反轉錄酶，將RNA基因反轉錄成DNA（圖4.34）。

　　病毒的DNA潛伏的時間長短不一。當病毒被活化後，就指導RNA與病毒外殼蛋白質的合成。RNA與外殼蛋白質組合形成新的病毒顆粒後即被釋入血流中。活化的HIV不但可以殺死其所感染的細胞，而且可以殺死更多其他的T細胞。這是因為被感染的細胞由於它的細胞膜表面帶有許多重要的病毒蛋白質，所以能夠與大量的健康T細胞結合，然後殺死它們。由於HIV的潛伏期很長（從數週到10年甚至15年），所以很難追蹤與預測其分布的情形。

二、AIDS的傳播途徑

開始發現AIDS時，媒體與醫藥界認為同性戀、雙性戀及靜脈注射濫用者是屬於「高危險群」。然而現在發現AIDS並不限定某一族群的人，而是有某些特定行為的人都可能罹患。這些危險的行為包括未使用保險套的任何一種性行為，以及共用注射針筒等。

三、保護自己免受AIDS感染

保護自己不受HIV經由性行為感染的最好方法就是完全不要有性行為，其次是固定一個未感染的性伴侶。性行為頻繁的人應該知道沒有保護的性行為確實是危險的，而性伴侶的人數越多這種危險越大。大多數的避孕方法都沒有辦法防止HIV或其他性傳染病的傳布，只有在每一次性行為中都小心地使用保險套，才能有效地防止HIV的傳染。異性戀與同性戀活躍的人更需要使用保險套，並且限制性伴侶的人數，此可能是唯一減緩AIDS流行的方法。但是由於AIDS的潛伏期很長，所以如果你與某人發生性行為，這個人過去15年的性行為都有可能影響到你。

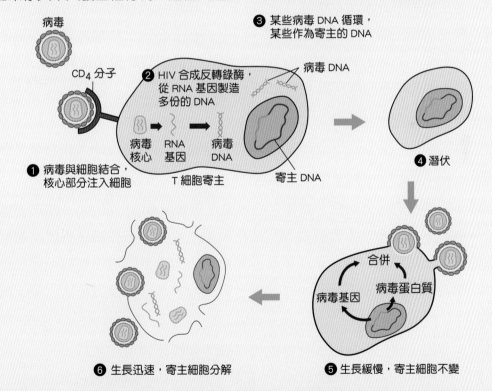

🐾 圖4.34　HIV反轉錄病毒的感染循環。病毒的RNA基因被反轉錄酶反轉錄成為DNA，而變成寄主細胞DNA的一部分。病毒的基因可能在細胞中潛伏一段很長的時間，可能指導細胞形成新的病毒顆粒，或者可能快速生長而摧毀其寄主細胞。

T細胞有數種，每種都具有重要的免疫功能。**輔助T細胞**(helper T-cells)通常被稱為免疫系統的「指揮中心」。**毒殺T細胞**(cytotoxic T-cells)由於接受其他細胞的指令，而直接攻擊病原與受感染的體細胞，所以被稱為免疫系統的「步兵」。**抑制T細胞**(suppressor T-cells)在感染受到控制之後抑制免疫反應。在免疫系統受到抗原的影響之後，某些記憶T細胞與記憶B細胞記得這次與病原的遭遇。這些記憶細胞在體內存留一段較久的時間，當同樣的病原再度入侵時，這些細胞可以迅速地反應。T細胞的作用為細胞性的免疫反應。

4-5 神經與運動

單細胞生物對外在環境的刺激（如光線、化學物品或食物）也會引起反應，它們可以鞭毛或纖毛趨近或遠離刺激物。而訊息在多細胞生物體內則由一個細胞傳到另一個細胞。高等動物複雜的行為演化出比較精細的**感覺接受器**(receptor)，而且神經也支配著許多的**動作器**(effector)。

最簡單之多細胞動物的神經系統為腔腸動物的神經系統。例如：水螅具有散生分布的神經網(nerve nets)，而沒有神經控制中樞，不具有將輸入訊息收集與整合的能力。

神經漸漸演化成兩側對稱，動物也出現**頭化現象**(cephalization)－頭部優勢發育現象。例如：扁形動物的扁蟲其神經系統較水螅複雜，神經節在蟲體前端形成類似腦的構造，可協調、整合來自感覺神經所輸入的訊息。環節動物和節肢動物與扁蟲一樣具有對稱的神經分布，在前端，很多的神經細胞體聚集成「腦」的構造（圖4.35）。

頭化作用繼續演化的結果，使得動物前端的神經節體積越來越大，也越來越重要，到了高等動物遂演化成**腦**(brain)。在動物界，人類的腦是最複雜的。任何人類的意識形成都由腦來執行。腦含有1,000億個神經細胞，每個神經細胞與其他的神經細胞約有1,000個接觸點，同時神經可接受超過10,000個衝動的傳入。腦可以做什麼事呢？思考、情緒、跳舞等，它可監視並控制身體的活動。

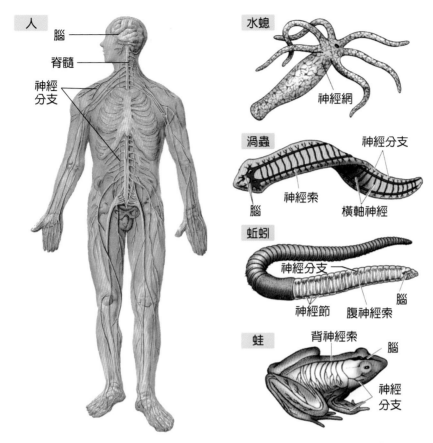

圖4.35　代表動物的神經系統。

人類的神經系統

　　人類的神經系統分成兩個部分：(1)**中樞神經系統**(central nervous system, CNS)，包括腦與脊髓；(2)**周邊神經系統**(peripheral nervous system, PNS)，主要功能是將感覺衝動帶入中樞或將運動衝動自中樞帶到動作器，包括傳入神經纖維（感覺神經）、傳出神經纖維（運動神經）、感覺器官和動作器（圖4.36）。

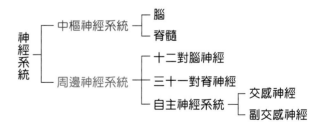

圖4.36　人類神經系統的組織。

一、中樞神經系統

中樞神經系統可整合由身體內在或外在環境的刺激而傳入之訊息。中樞神經系統包括腦與脊髓，它們有顱骨和脊椎骨保護著。人類的腦包括三部分：**前腦**(forebrain)、**中腦**(midbrain)及**後腦**(hindbrain)。

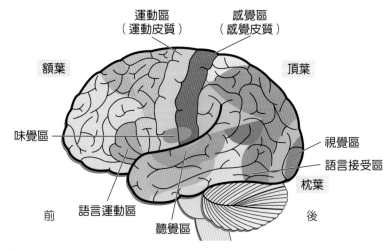

🐾 圖4.37　高度特化的大腦皮質。

前腦包括大腦、視丘及下視丘。大腦分成左右兩個**半球**(hemispheres)，大腦表面稱為**大腦皮質**(cerebral cortex)，因其含有許多的神經細胞體，故為**灰質**。大腦皮質具有很多皺摺，不同的大腦皮質部位特化成具不同的功能（圖4.37）。在大腦下方有一個小的構造即**視丘**(thalamus)，此為一轉接中心，所有感覺（嗅覺除外）在進入大腦皮質之前都必須經過視丘。視丘下方為**下視丘**(hypothalamus)，它與人體大部分的恆定作用有關聯，其聯繫神經與內分泌兩個系統。下視丘控制著許多重要的功能，例如正常體溫的控制、食物攝取量的控制（飽食中樞和攝食中樞），並整合自主神經系統、控制腦下腺荷爾蒙的分泌、口渴中樞、性覺醒中樞，也和清醒、睡眠的維持有關。

中腦為腦幹的上部，包括視覺反射中樞（控制視覺刺激所引起的眼球和頭部運動的反射）和聽覺反射中樞（控制聽覺刺激所引起的頭部和軀幹反射）。

後腦發育形成三個部分：**小腦**(cerebellum)、**橋腦**(pons)和**延腦**(medulla oblongata)。橋腦為腦幹的中間部分，其與呼吸的調節有關。延腦為腦幹的下部，其下端連接脊髓，可調節心跳速率和心收縮力，還可控制呼吸的基本節律及調節血管的口徑大小，故又稱**生命中樞**；另外，它還是咳嗽、打噴嚏的中樞。小腦位於大腦枕葉的下方和橋腦、延腦的後方，其與身體的平衡、肌肉收縮的協調、姿勢的維持有關，可藉控制肌肉張力的變化及穩定關節的能力使得運動時可達平衡（表4.6）。

表 4.6　人腦的主要構造與功能

構　造			功　能
前腦	大腦	大腦灰質（大腦外部）	灰質；負責意識、記憶、智商、言語、感覺等為意識中樞
		大腦白質（大腦內部）	白質內的神經通道，如胼胝體連接大腦的左右二半球，幫助二半球之間的聯繫
	視丘		腦內最大的神經纖維接力站；連結腦內不同的區域
	下視丘		調節心跳速率、血壓、體溫及腦垂腺；控制飢餓、口渴、性等慾望
中腦			連接後腦和前腦；接受自眼傳來的神經衝動
後腦	小腦		控制肌肉的平衡與協調
	橋腦		連接小腦和大腦皮層及其他腦部的區域
	延腦		控制一些下意識的活動，如呼吸、消化、心跳、吞嚥、嘔吐、咳嗽等；連接脊髓和腦

　　脊髓位於腦幹的下方，有兩個主要的功能。第一，傳入腦部或由腦傳出的神經纖維都要經過脊髓，並沿脊髓傳遞，在脊髓我們可以看到許多傳入或傳出的神經突觸。第二，其為反射中樞，由感覺神經元而來的衝動傳入脊髓之後，在脊髓灰質與聯絡神經元形成突觸，聯絡神經元再將衝動傳給運動神經而引起動作器的動作。

二、周邊神經系統

　　周邊神經系統包括**傳入系統**與**傳出系統**。傳入系統包括**軀體感覺神經元**(somatic sensory neurons)和**內臟感覺神經元**(visceral sensory neurons)。軀體感覺神經元可偵測外在環境的變化，透過視覺、嗅覺、聽覺和觸覺提供有關外在環境的訊息。它也可以偵測人體內各個部位的相關位置及運動的速度等，即所謂的**本體感覺**(somatic sensory)，這能告訴我們肌肉收縮的程度、肌腱張力的大小、關節位置的改變等。因此，當我們處於黑暗中穿衣服、走路或彈琴時，可以不用眼睛便能判斷四肢的位置和運動。內臟感覺神經元可偵測體內許多活動的運作，包括呼吸、心臟血管、泌尿等系統的活動。

　　傳出系統又分成**軀體運動神經系統**(somatic nervous system)和**自主神經系統**(autonomic nervous system, ANS)。軀體運動神經系統可控制隨意的運動，例如說

話、游泳等，此外還可控制軀體反射。自主神經系統則控制不隨意的運動，例如消化道的蠕動與分泌，其主要支配平滑肌、心肌與腺體。

肌肉骨骼系統

　　肌肉組織受到刺激的時候會收縮，但是肌肉的收縮本身並不足以推動個體在環境中移動，只有骨骼才能提供動物在環境中移動所需的支撐。其中一種很成功的支撐方法是節肢動物的**外骨骼**(exoskeleton)。脊椎動物則使用**內骨骼**(endoskeleton)，由體

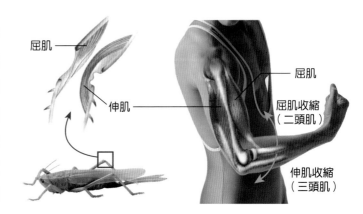

☙ 圖4.38　昆蟲和人的肌肉組織比較。

內的骨骼與關節構成。這兩套系統都包括有骨骼、關節與肌肉，故都稱為肌肉骨骼系統（圖4.38），而這兩種方法各有其優缺點（表4.7）。

☙ 表 4.7　內骨骼與外骨骼的優缺點

	內骨骼	外骨骼
優點	1. 保護腦及內部器官 2. 使身體可穩定成長 3. 能夠提供每單位重量良好的支撐，適合大型動物	1. 提供小動物良好的支撐 2. 容許多種運動 3. 保護柔弱組織不受損害及乾燥 4. 如果損壞，可在下一次蛻皮之時換掉
缺點	1. 使柔弱組織暴露在外，故容易受損及乾燥 2. 如果損壞，無法換掉，必須修復	1. 對於大型動物而言重量太重 2. 生長期必須蛻掉

一、肌肉組織的結構與功能

　　脊椎動物有三種肌肉類型－**心肌**(cardiac muscle)、**平滑肌**(smooth muscle)與**骨骼肌**(skeletal muscle)。三種肌肉中，骨骼肌具有橫紋，也只有骨骼肌能夠受到意識的控制而造成運動的進行，因此其又稱為**隨意肌**。平滑肌缺乏橫紋，交感神經與副交感神經分布在平滑肌，它們有拮抗的效果，例如交感神經能夠降低消化

道的張力和運動性，則副交感神經的刺激就使其增加張力和運動性。心肌同時具有骨骼肌與平滑肌的特徵，有橫紋但為**不隨意肌**。心肌細胞之間緊密的以間隙接合連繫，使得刺激的訊息能傳及心臟所有的地方。

二、骨的結構

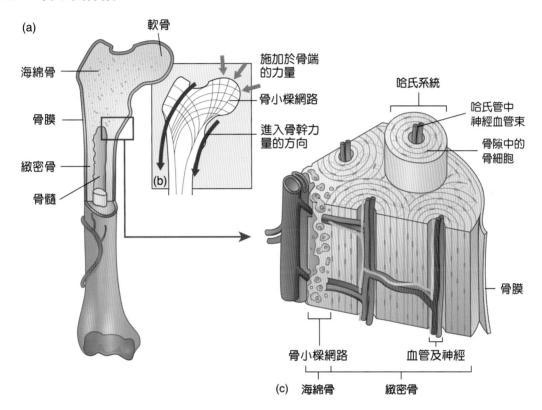

🐾 圖4.39　人類長骨的縱切面。(a)請注意圖中海綿骨、緻密骨以及骨髓的相對位置；(b)股骨頂端的海綿骨骨小樑將髖關節所承受的壓力傳給骨幹的緻密骨，它將骨幹不能承受的橫向壓力轉為骨幹可以承受的縱向壓力；(c)本圖顯示活的骨細胞位置以及存於緻密骨中哈氏系統內部的血管。

　　脊椎動物的骨骼在出生的時候多為軟骨，但是隨著成長逐漸被硬骨所取代。大多數的硬骨都包含兩種不同的骨骼組織，以四肢的年輕長骨為例（圖4.39），構成骨骼長軸的骨幹為**緻密骨**(compact bone)，而骨端外圍為薄的緻密骨，中間則為疏鬆的**海綿骨**(spongy bone)。骨幹內的空腔稱為骨髓腔，其內含有**骨髓**(bone marrow)。

　　緻密骨的構造單位稱為**哈氏系統**(Haversian system)或**骨元**(osteon)，海綿骨則不含骨元，其只是由稱為**骨小樑**(trabeculae)的不規則骨片所構成（圖4.39b）。成

熟的緻密骨由許多圓筒型的哈氏系統構成，每一個哈氏系統中央含一個與骨骼長軸平行的**哈氏管**(Haversian canal)，管內含神經與血管，哈氏管被排列成同心圓的硬骨板圍繞，骨板之間的小空隙稱為**骨隙**(lacunae)，每一個骨隙內含一個成熟的**骨細胞**(bone cells, osteocyte)，骨細胞以其向外延伸之小突起伸入骨隙之間的**骨小管**(canaliculi)，經此網路使血管所帶來的營養物質可到達骨細胞（圖4.39c）。

延·伸·閱·讀

骨的成長與再造

　　大多數的脊椎動物在胚胎發育期都具有由軟骨構成的骨骼模型，成長的時候，新的軟骨即加於其上，而舊的軟骨便退化而以硬骨取代。

　　硬骨的骨質首先是由靠近骨表面的骨母細胞(osteoblasts)產生，有些骨母細胞陷於這些骨質之中而成熟變成骨細胞(osteocytes)，且繼續活在骨質之中。在骨幹中央，這些骨細胞控制緻密骨與海綿骨的形成以代替原先的軟骨，此過程並逐漸向兩端延伸。隨後，近骨端的地方，軟骨形成「骨骺板」將成長中的骨幹與骨端分開。骨骺板不斷產生新的軟骨，這些軟骨也不斷地被新的硬骨組織取代，而使骨骼變長。同時硬骨外圍的骨細胞也生成硬骨，使其外圍變粗。當硬骨的生長快要完成的時候，骨骺板產生軟骨的速度逐漸減緩，終致停止，而軟骨則完全被硬骨取代。

　　從血液中的巨噬細胞變成的蝕骨細胞(osteoclasts)可以將骨質中的氫氧磷灰質分解成鈣離子與磷酸根離子釋入血液中。蝕骨細胞主要位於骨髓腔之內襯，在骨骼成長的過程中，可加大骨髓腔，其亦位於骨質之中，當血鈣不足時，可分解骨中之鈣進入血液中。

4-6 激素與調節

　　大多數的多細胞生物，從昆蟲到人類，都有兩種專門傳達訊息的系統：**神經系統**(nervous system)與**內分泌系統**(endocrine system)。神經系統通常處理必須快速傳遞的訊息，其可產生迅速的回應，而且所傳達的訊息，通常不會持續很久。內分泌系統所處理的通常是能夠以慢速傳遞且具有長期效果的訊息。這種訊息使年輕的動物得以生長，成熟的動物得以修補因疾病而造成的損害，以及幫助我們

調節水含量和血中營養物質的濃度。內分泌腺體所產生的**激素**(hormones)能藉血液在組織之間運行，而能夠到達生物體的大多數細胞中。

昆蟲的內分泌系統

由於昆蟲具有複雜的生長期與幼蟲的發育期，所以提供了有關內分泌運作的重要有趣例子。昆蟲如果要成長就必須定期地拋棄與更新外骨骼，這個過程稱為**蛻皮**(molting, ecdysis)。與蛻皮過程有關的化學訊息是一種名為**蛻皮素**(ecdysone)的激素。蛻皮素的產生與釋出是由位於幼蟲頭部的前胸腺(prothoracic gland)負責。

蛻皮素的製造與否是由**腦激素**(brain hormone)控制，而腦激素是由腦中一個區域—似心體(corpus cardiacum)的神經分泌細胞所釋出。雖然蛻皮素控制了蛻皮的過程，然而腦激素決定了蛻皮的時間。

如果所有的蛻皮都是由蛻皮素引發，那麼又是何者引起蛹的形成？答案是在腦部一個左右對稱，稱為**咽側體**(corpora allata)的區域。咽側體分泌**幼蟲激素** (juvenile hormone, JH)，幼蟲激素決定了蛻皮素對幼蟲的效應。當蛻皮素與幼蟲激素皆大量存在時，它的效應就是連續進行蛻皮以產生較大的**幼蟲**(larva)。直到幼蟲激素的濃度低於臨界點，則停止蛻皮，幼蟲遂變成**蛹**(pupa)，當幼蟲激素不再分泌時，便形成成蟲（圖4.40）。

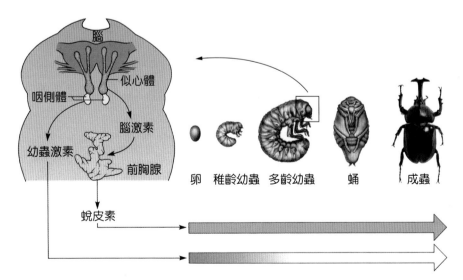

🐾 圖4.40　腦激素、幼蟲激素與蛻皮素的濃度變化控制了昆蟲的蛻皮與成熟。

內分泌系統的組成

內分泌腺(endocrine glands)有時候被稱為「無管腺」，這是因為內分泌腺並沒有導管將所分泌的物質排出，其分泌的物質（激素或稱荷爾蒙）是直接分泌到腺體細胞周圍的細胞間隙而後進入血管。

人類的內分泌系統是由分散的不同器官所組成，這些器官沒有共同的起源，也不會對相同的刺激都有反應。它們是小而特化的腺體，個別產生不一樣的激素。人類主要的內分泌器官包括**甲狀腺**(thyroid)、**副甲狀腺**(parathyroids)、**胰臟**(pancreas)的**蘭氏小島**(islets of Langerhans)、**腎上腺**(adrenals)、**胸腺**(thymus)、**腦下腺**(pituitary)及女性的**卵巢**(ovaries)與男性的**睪丸**(testes)（圖4.41）。

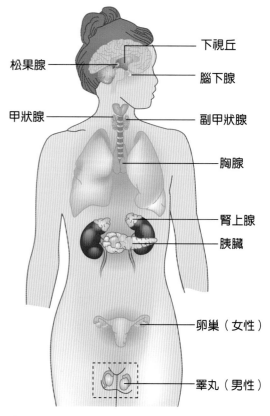

松果腺
下視丘
腦下腺
甲狀腺
副甲狀腺
胸腺
腎上腺
胰臟
卵巢（女性）
睪丸（男性）

✿ 圖4.41　人類的內分泌系統。

激　素

激素的種類：

1. 類固醇激素：如睪固酮、動情素和蛻皮素。

2. 蛋白質與多胜肽類激素：如催產素、胰島素、腦激素和升糖激素。

3. 胺基酸衍生物：如甲狀腺素、腎上腺素和正腎上腺素。

激素的作用有如下四種有趣的現象。

1. 激素的量十分微小卻能產生極大的效果。

2. 同一種激素對同一個細胞可產生數種不同的效果。例如腎上腺素在細胞中可促進肝醣轉變成葡萄糖，同時又減慢了從葡萄糖形成肝醣的過程。

3. 同一種激素可以影響一種細胞或幾種不同的細胞。例如胰島素可以促進肝細胞
   內葡萄糖轉化成肝醣，又可促進脂肪細胞中葡萄糖轉化成脂肪。

4. 不同的激素可在同一種細胞中產生相同的效果。例如生長激素、升糖激素都可
   促進肝細胞內肝醣轉變成葡萄糖。

　　一個細胞能否對某一種激素有所反應，取決於細胞表面上是否具有一種能
與此種激素結合的**接受器**(receptor)。具有接受器的是這種激素的**標的細胞**(target
cells)。如果各種不同的細胞都具有同一種接受器，那麼激素對這些不同種類的細
胞都具有效果。這種現象解釋了激素的作用範圍遍及全身，但卻只對某些類型細
胞有效。由於這種特性，使得內分泌系統可以調節全身的許多活動（圖4.42）。

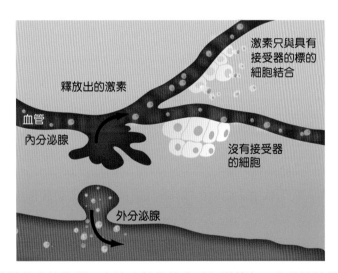

圖4.42　外分泌腺的分泌物釋入血流之外的地方（如導管），內分泌腺的分泌物則進入循環
系統。具有接受器的細胞能夠對特定的激素產生反應，這種細胞稱作標的細胞。

內分泌系統的控制

內分泌腺分布很廣，其功能有的重複，有的拮抗（表4.8）。

🐾 表 4.8 　內分泌器官與其分泌的激素

器官／激素	激素種類	標的組織	效果
腦下腺後葉（由下視丘製造，經腦下腺後葉分泌）			
催產素(OT)	多胜肽類	乳房、子宮	刺激乳汁排出，子宮收縮
抗利尿激素(ADH)	多胜肽類	腎、血管	調節水分平衡，血管收縮
腦下腺前葉			
黑色素細胞刺激素(MSH)	多胜肽類	皮膚色素細胞	在人類的作用不明
濾泡刺激素(FSH)	蛋白質	性腺	刺激性腺促使配子的產生
黃體生成素(LH)	蛋白質	性腺	刺激性腺產生性激素（動情素與睪丸素酮），刺激排卵與黃體的形成
泌乳激素(PRL)	蛋白質	乳房	刺激乳汁的產生
甲狀腺刺激素(TSH)	蛋白質	甲狀腺	刺激甲狀腺的活動
促腎上腺皮質激素(ACTH)	多胜肽類	腎上腺皮質	刺激腎上腺皮質釋出其激素
生長激素(GH)	蛋白質	所有生長中的細胞	刺激生長與代謝速率
甲狀腺			
甲狀腺激素	含碘的胺基酸衍生物	所有的細胞	促進代謝活動
降鈣素	多胜肽類	骨細胞	抑制骨骼釋出鈣離子，並使血中鈣移至骨骼
副甲狀腺			
副甲狀腺激素	多胜肽類	骨骼與消化道	刺激骨骼將鈣釋入血流，並促進消化道對鈣的吸收
腎上腺皮質			
糖皮質酮（如皮質固醇）	類固醇	許多組織	促進碳水化合物的代謝
礦物皮質酮（如醛固酮）	類固醇	腎與血液	促進鈉離子滯留體內
腎上腺髓質			
腎上腺素，正腎上腺素	胺基酸衍生物	肌肉、肝、循環系統	打或跑反應（擬交感神經作用）

🐾 表 4.8　內分泌器官與其分泌的激素（續）

器官／激素	激素種類	標的組織	效果
胰　臟			
升糖激素	多胜肽類	肝與其他細胞	促進肝醣分解，增加血糖
胰島素	多胜肽類	肝與其他細胞	促進肝醣合成，降低血糖
松果腺			
松果腺素	胺基酸衍生物	神經系統，性腺	調節體內明暗的週期，在人體的功能不明
卵　巢			
動情素	類固醇	全身細胞	女性性徵，子宮內膜的增生
黃體素（助孕酮）	類固醇	子宮	子宮內膜增生
睪　丸			
睪丸素酮	類固醇	全身細胞	男性性徵，精子的形成
胸　腺			
胸腺素	多胜肽類	T淋巴球	促進T淋巴球的成長發育
消化道			
胃泌素	多胜肽類	胃黏膜上皮細胞	促進胃酸（鹽酸）與胃蛋白酶原的產生
膽囊收縮素	多胜肽類	胰臟	促進消化酵素與重碳酸根離子(HCO_3^-)的釋出，抑制胃液分泌，膽囊收縮排出膽汁
腸促胰激素	多胜肽類	胰臟	促進消化酵素與重碳酸根離子(HCO_3^-)的釋出，抑制胃液分泌
腸抑胃激素	多胜肽類	胃黏膜上皮細胞	抑制平滑肌的收縮與胃酸的釋出
腎　臟			
紅血球生成素	醣蛋白	骨髓	促進紅血球的形成
心　臟			
心房利鈉激素	多胜肽類	腎臟	促進鈉離子從血中排除

　　迴饋系統可以是**負迴饋系統**(negative feedback)或是**正迴饋系統**(positive feedback)。在負迴饋系統中，系統的輸出抑制了系統的運作。例如，人體控制血糖的機制屬於負迴饋系統。糖在消化道被吸收進入血液，導致血糖上升，刺激了胰島素的分泌，胰島素則促進血液中的糖運到細胞中，尤其是骨骼肌細胞，同時胰島素也會促進血中的糖進入肝臟以合成肝醣貯存於肝臟中，如此可以使得甜食不會影響到血糖的濃度。另一方面，當血糖降低時，會影響升糖激素、生長激素及其他升血糖相關激素，而造成肝臟將貯存的肝醣釋入血中，以保持血糖濃度的穩定（圖4.43）。

　　負迴饋系統有恆定的效果，而正迴饋系統卻會加強某一種特殊的效應。例如在分娩的時候，擴張的子宮頸和胎兒頭部壓迫刺激子宮壁，此二者引起的神經衝動會傳向下視丘，引起下視丘製造**催產素**(oxytocin)，並分泌在子宮上，而造成子宮更強烈的收縮，此更強烈的收縮又會刺激更多催產素的分泌。如此正迴饋系統中收縮產生的刺激會使下一次收縮的強度更加增強。其目的就是幫助胎兒經由子宮進入產道。當生產順利完成之後，刺激就消失了，而收縮就逐漸減弱，一直到完全消失為止。

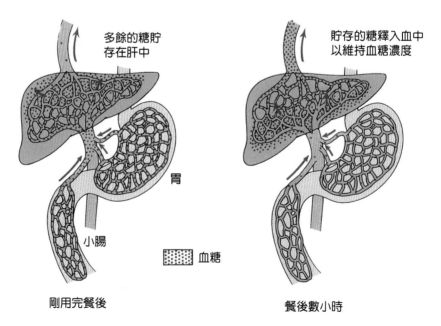

圖4.43　血糖的濃度受激素影響而由肝臟調節。餐後高濃度的糖從小腸到達肝臟，多餘的糖被肝臟貯存起來以免血糖濃度過高。在兩餐之間糖從肝臟釋放出來以保持適當的血糖濃度。

4-7 生殖與胚胎發生

　　地球上的生物其生命中最基本的部分便是生殖，生殖的主要功能則為產生後代以延續種族。生殖分為**無性生殖**(asexual reproduction)及**有性生殖**(sexual reproduction)，以無性生殖的方式產生子代，則子代來自親代的翻版，具有相同的細胞表現，有時候甚至無法明顯的區別親代和子代。如此的生殖方式是高效率的，因為每一個細胞（個體）都可以行生殖作用。單細胞生物以細胞分裂的方式生殖。行有性生殖的多細胞生物其生殖作用是很複雜的。比起無性生殖方式，有性生殖較沒有效率，但它卻可以在族群內造成遺傳的多樣性。在有性生殖方式中只有一種性別可以產卵，且親代各提供一半的遺傳物質給子代，也就是子代的對偶基因一半來自父親、一半來自母親，故子代的表現是父母親基因重新組合的結果。

男性生殖系統

　　男性生殖系統包括睪丸、陰囊、生殖管道、附屬腺體及陰莖（圖4.44），其功能請見表4.9。

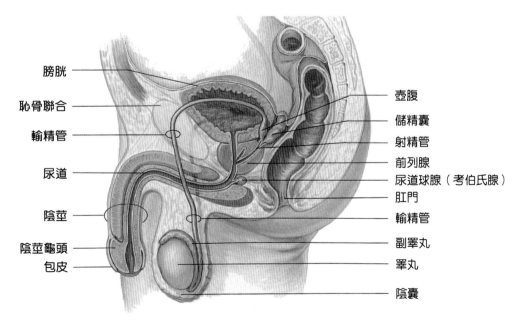

膀胱
恥骨聯合
輸精管
尿道
陰莖
陰莖龜頭
包皮

壺腹
儲精囊
射精管
前列腺
尿道球腺（考伯氏腺）
肛門
輸精管
副睪丸
睪丸
陰囊

🐾 圖4.44　男性生殖系統。

🐾 表 4.9　男性生殖系統

構　造	功　能
睪丸	製造精子；產生男性荷爾蒙（睪固酮）
副睪	精子的成熟和貯存精子
輸精管	精子從副睪到尿道的通道
尿道	將精子和尿液運送至體外的通道
陰莖	將精子送入陰道
附屬腺體	
儲精囊	分泌濃稠透明的液體，具滋養及潤滑精子的作用
前列腺	分泌乳白色的鹼性液體，可中和尿道和陰道的酸性液體
尿道球腺（考柏氏腺）	在射精前分泌少量液體當作潤滑劑和清洗尿道之用

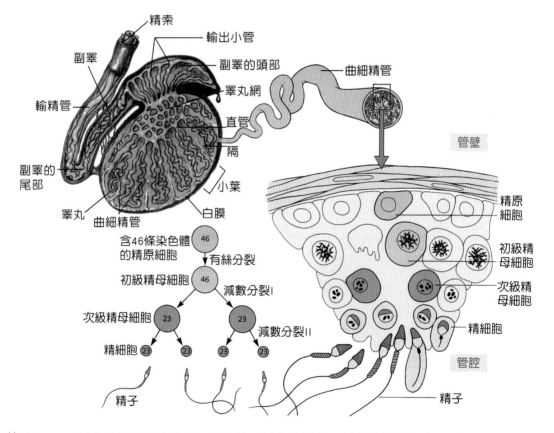

🐾 圖4.45　睪丸曲細精管的橫切面顯示精子發生的過程，越往管腔的方向移動，可見越成熟的細胞層，成熟的精子則位於管腔中。

男性的原級性器官是睪丸，它位於陰囊內。腹腔的溫度比陰囊的溫度稍高，而精子必須在低於腹腔2~3℃的溫度下才可以成熟。睪丸內部分成200~300個睪丸小葉，每個小葉內含有1~3條**曲細精管**(seminiferous tubule)，精子即在此製造產生（圖4.45）。在曲細精管之間有間質內分泌細胞稱為**萊狄什氏細胞**(cells of Leydig)，此細胞可分泌**睪固酮**(testosterone)，這是精子發生所必須的男性激素。

睪丸直接受到兩種腦下腺前葉激素的影響—**濾泡刺激素**(follicle-stimulating hormone, FSH)和**黃體生成素**(luteinizing hormone, LH)，而這兩種激素的分泌是受到下視丘所分泌的**促性腺激素釋放荷爾蒙**(gonadotropin-releasing hormone, GnRH)所控制。LH的主要標的細胞是睪丸萊狄什氏細胞，使其產生睪固酮。另外，睪固酮可與FSH一起作用在精原細胞，促進其發育成為成熟的精子（圖4.46）。

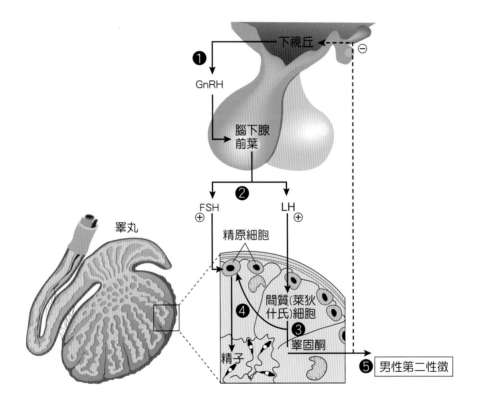

🐾 圖4.46　❶下視丘分泌促性腺激素釋放荷爾蒙(GnRH)，而GnRH則作用在腦下腺前葉。❷GnRH刺激腦下腺前葉釋放濾泡刺激素(FSH)和黃體生成素(LH)。❸在男生，LH的標的細胞為睪丸的萊狄什氏細胞。LH可刺激萊狄什氏細胞產生男性激素－睪固酮。❹睪固酮與FSH一起作用在睪丸內的精原細胞，促使它發育成熟成為精子。❺睪固酮也會促進男性第二性徵的發育。血液中睪固酮的含量與下視丘的分泌呈現負迴饋作用，高濃度的睪固酮可迴饋抑制下視丘，使下視丘不會釋放GnRH，如此可穩定睪固酮的濃度。

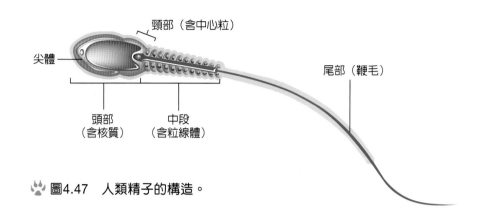

尖體

頸部（含中心粒）

尾部（鞭毛）

頭部
（含核質）

中段
（含粒線體）

🐾 圖4.47　人類精子的構造。

　　在人類，由精原細胞一直發育到精子成熟需要72天的時間。精子的結構包括**頭部**(headpiece)、**中段**(midpiece)和**尾部**(tail, flagellum)。精子的頭部內含細胞核及**尖體**(acrosome)。尖體又稱穿孔體，內含酵素，可破壞並分解圍繞在卵子周圍的保護層，使精子能穿入卵內。精子的中段含有許多粒線體可提供精子運動的能量。尾部為長且有力的鞭毛，可推動精子前進（圖4.47）。

　　男性生殖管道的功能為貯存精子或將其輸送到體外，包括**副睪**(epididymis)、**輸精管**(vas deferens)、**射精管**(ejaculatory duct)和**尿道**(urethra)。精子離開睪丸後會收集到副睪，在副睪的末端有輸精管相接，輸精管的末端會與**儲精囊**(seminal vesicles)的精囊管會合而成射精管，而後穿過**前列腺**(prostate gland)將精子送達尿道（圖4.44）。

　　男性生殖系統的附屬腺體包括**儲精囊**、**前列腺**與**尿道球腺**(bulbourethral gland)（圖4.44）。當精子通過生殖道的同時附屬腺體會分泌並和精子混合，此種含有營養物、鹽類和精子的液體合稱為**精液**(semen)。精液呈弱鹼性(pH 7.2~7.6)，除了提供精子運輸的介質及營養外，還能中和女性陰道pH 3.5~4的酸性環境，以利精子活動。性交之後精液可由尿道射出，每次射精量2~5毫升，每毫升約含一億二千萬個精子。

　　青春期之後，男性睪固酮的分泌量激增，除了能導致精子完全成熟外，還可以控制男性生殖器官的發育、生長及維持，並且促進男性**第二性徵**(secondary sexual characteristics)的發育，這包括體毛形成、聲音變低沉、肌肉骨骼發育，並出現寬胸、窄臀的體形。睪固酮也影響神經系統而有雄性行為出現。

女性生殖系統

女性生殖系統包括卵巢、輸卵管、子宮、陰道及外陰部（圖4.48），其功能請見表4.10。

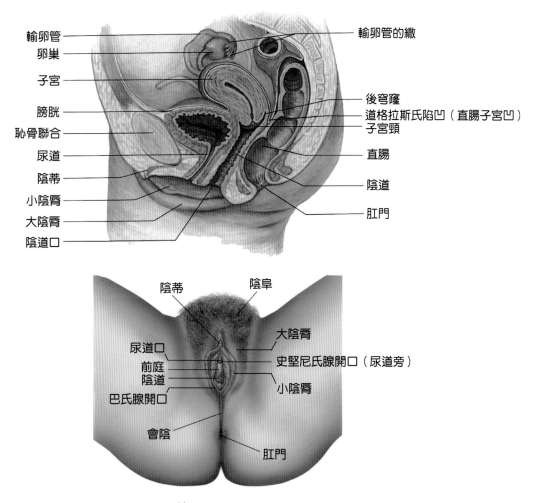

🐾 圖4.48　女性生殖系統。

🐾 表 4.10　女性生殖系統

構　造	功　能
卵巢	產生卵、動情素和黃體素
輸卵管	接收卵巢排出的卵，並將之輸送至子宮
子宮	
子宮內膜	胚胎發育處
子宮頸	子宮底部的窄小處，連接陰道
陰道	在性交時接受陰莖，產道，經血排出

女性的卵巢一生之中約可排出500個卵。女性在胚胎的時候，**卵原細胞**(oogonia)藉有絲分裂來增殖，然後發育成為**初級卵母細胞**(primary oocyte)，在女嬰出生時其卵巢內已具有約400,000個初級卵母細胞，此細胞被單層濾泡細胞包圍，稱為**初級濾泡**(primary follicle)。在出生前，初級卵母細胞便開始進行減數分裂的第一次分裂，但會停留在第一次分裂前期，接下來的分裂要一直到青春期時，才會再繼續完成。

在青春期時，當初級卵母細胞成熟時，約在**排卵**(ovulation)前不到36小時內，它可完成減數分裂的第一次分裂，並產生兩個不同形態的細胞，一個為包含幾乎所有細胞質的**次級卵母細胞**(secondary oocyte)和一個小的**第一極體**(first polar body)。第一極體的功用只是當做染色體的堆積場所，其含極少量的細胞質。

排卵時，次級卵母細胞自卵巢釋放，並進入減數分裂的第二次分裂。然而，除非受精作用發生，否則第二次的分裂將不會完成。當減數分裂的第二次分裂完成時，再一次的由其中一個細胞獲得大部分的細胞質，此細胞即為**卵子**(ovum)，其他的細胞會變成較小的**第二極體**(secondary polar body)。因此，一個卵原細胞只形成一個卵子和三個極體（圖4.49）。

受精作用在**輸卵管**(uterine tube)進行，可發生於排卵後24小時內的任何時間。輸卵管會藉肌肉層的蠕動收縮及纖毛的擺動，

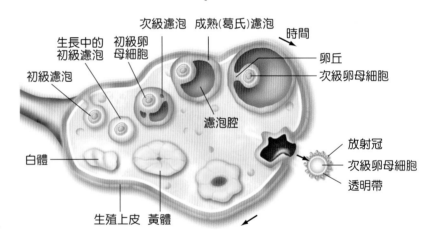

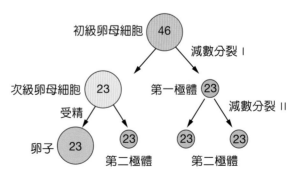

🐾 圖4.49　卵巢的切面圖。卵巢內周而復始地進行初級濾泡的成長與成熟排卵，排卵後殘存的濾泡會變成黃體。注意：當受精作用發生時，減數分裂II才會完成。

將受精卵送往**子宮**(uterus)。子宮由很厚的平滑肌構成，受精卵在此植入著床，並進行發育。子宮的內襯為**子宮內膜**(endometrium)，含有許多的腺體且有豐富的血液供應，是可提供胚胎發育的理想環境。子宮的下部為**子宮頸**(cervix)，可分泌黏液，懷孕時可阻斷子宮與體外的通道，分離胚胎發育的環境。子宮頸開口於**陰道**(vagina)。陰道是肉質管狀通道，可通往體外。陰道是經血排出的通道，性交時容納陰莖的部位，是精子進入女性體內之處，亦為生產時產道的一部分。陰道的開口受折疊的皮膚所保護。外層為**大陰脣**(labia majora)，在大陰脣內側面的是**小陰脣**(labia minora)，如圖4.48。

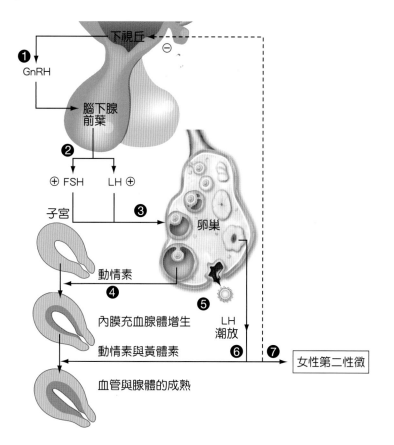

🐾 圖4.50　(a)❶下視丘釋放GnRH。❷GnRH作用在腦下腺前葉促使FSH和LH的分泌。❸FSH和LH刺激卵巢內濾泡的發育。❹發育中的濾泡分泌動情素刺激子宮內膜增生修補。❺LH的潮放（大量釋放）導致排卵。❻成熟濾泡在排卵後，殘餘的濾泡變成黃體而分泌動情素與黃體素。❼動情素與黃體素會刺激女性第二性徵的發育，同時促進子宮內膜發育完全以備受精卵著床。高濃度的動情素與黃體素會迴饋抑制下視丘釋放GnRH，如此腦下腺就不會分泌FSH與LH，若沒有發生受精作用及著床，則黃體退化，由於黃體的退化，動情素和黃體素的分泌減少。

月經週期、懷孕與避孕

一、月經週期

　　女性的**月經週期**(menstrual cycle)平均是28天，在這段期間卵巢與子宮內膜有週期性的變化。下視丘、腦下腺前葉與卵巢的迴饋作用控制著這些變化。女性的青春期通常在10~14歲，此時，下視丘分泌促性腺激素釋放荷爾蒙(GnRH)刺激腦下腺前葉釋放濾泡刺激素(FSH)及黃體生成素(LH)，受到FSH及LH的影響，有一些初級濾泡開始發育，但最後只有一個濾泡達到成熟，其餘的則退化消失。在月經週期開始，FSH和LH的量逐漸增加，它們一起作用造成發育中的濾泡分泌**動情素**(estrogen)。動情素可促進女性第二性徵的發育，包括乳房的發育、腋下與生殖器長出體毛、典型的女性體態會出現（骨盆變寬、脂肪堆積在臀部與大腿）。動情素亦會刺激子宮內膜增生、修補，隨著濾泡趨於成熟，其分泌量越來越多，在排卵前24小時達到高峰，也因此由正迴饋作用引來腦下腺前葉大量的釋放LH而導致排卵（圖4.50）。

　　成熟濾泡在排卵後會發育成**黃體**(corpus luteum)，黃體主要分泌**黃體素**(progesterone)和一些**動情素**(estrogen)。黃體素可促進子宮內膜的進一步發育以便接受受精卵的著床，此準備動作包括子宮腺體的發育與分泌、子宮內膜血管的形成和子宮內膜的增厚，因此，黃體素是為著床作最後準備所必要的激素。沒有受精作用發生和著床發生，則在排卵7~10天後，黃體會萎縮退化成**白體**，造成動情素與黃體素的減少（圖4.51）。動情素與黃體素減少導致兩種效果：(1)子宮內膜會因此剝落，同時撕裂血管，導致流血，此為**月經來潮**；(2)解除對下視丘的抑制，此時下視丘釋放的GnRH增加，可刺激腦下腺前葉分泌FSH和LH，而引發另一個週期。若都沒有受精作用則月經會一直循環不已，約28天一個週期，一直到停經為止。**停經**是最後一次月經，通常發生在43~55歲之間。

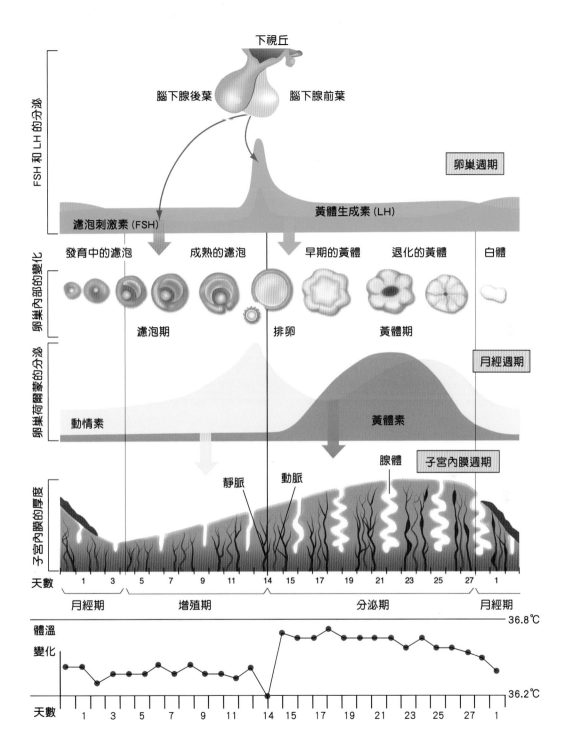

🐾 圖4.51　月經週期，激素、子宮內膜、卵巢以及體溫的變化情形。

二、懷孕

　　性交時精子射入女性的陰道，若射精與排卵的時間一致，則精子與次級卵母細胞會形成受精卵（合子）而導致懷孕。排卵後，次級卵母細胞只有在24小時內能接受精子，而精子在女性生殖道大約可存活2~3天，如此，月經週期中只有在排卵前3天到排卵後1天的時間內才會導致懷孕。在受精作用後7~8天，囊胚會附著到子宮內膜，稱為**著床(implant)**。**胎盤(placenta)**是由胚胎的一部分和母體的子宮內膜構成（圖4.52）。胎盤為胎兒與母體間交換養分及廢物的地方，亦能分泌懷孕所需的激素－主要是**人類絨毛促性腺激素(human chorionic gonadotropin, HCG)**。HCG主要功能是使黃體能繼續分泌黃體素－是使胎兒持續附著於子宮內所必須的激素。

三、避孕

　　人類月經週期的28天之中只有一天的時間卵子可以受孕，而在性交之後精子射入女性生殖道內可存活2~3天，以增加受孕的機會。因此，理論上在排卵前

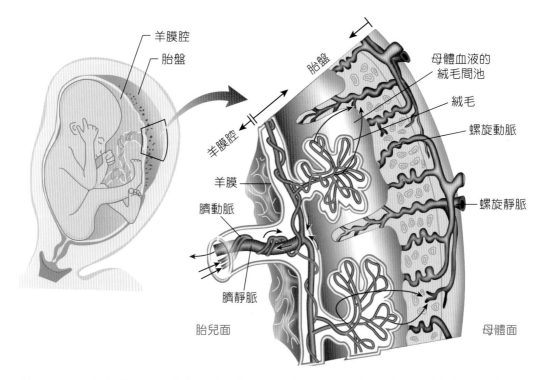

🐾 圖4.52　胎盤的圖解。胎盤內母親與胎兒的血液並不混合。然而兩種血液十分接近，容許氧氣、二氧化碳、養分與代謝廢物的交換。

幾天到排卵後一天的期間最有可能受孕，稱為**危險期**。根據統計，沒有施行**避孕**(contraception)的夫妻在規律的性生活中有85%受孕的機會。人類用很多方法來避免懷孕，常用的避孕法請參考表4.11。

表 4.11　常用的避孕法

避孕法	避孕原理	效率(%)	使用率(%)	問題
避孕丸	人工合成之動情素與黃體素可防止濾泡發育	94~97	18.5	必須規則的服用，無法避免因性交傳染的疾病
輸卵管結紮	以外科結紮封閉輸卵管	99.6	16.6	有時為不可逆的破壞。無法避免因性交傳染的疾病
輸精管結紮	以外科結紮並截去一段輸精管	99.8	7	有時為不可逆的破壞。無法避免因性交傳染的疾病
保險套	以套子套在陰莖外面捕捉性交時所射出的精子	86	8.8	在性交時使用，有的保險套可能會漏
週期法	估算排卵日，並選擇避開排卵日的時間性交	80	1.8	月經週期不規則的人會使避孕效果降低
子宮內避孕器(IUD)	以外物置於子宮，干擾著床作用	94	1.2	必須由醫師執行植入，且會有感染的風險

資料來源：國家健康統計中心(National Center for Health Statistics)。由美國15~44歲婦女在使用避孕法之間的一年內之避孕效率。

延·伸·閱·讀

試管嬰兒

　　1978年全世界第一個試管女嬰－露易絲布朗在英國誕生。布朗太太由於輸卵管閉鎖，無法將卵子送達子宮而不孕。醫師以外科方法取出布朗太太卵巢表面次級卵母細胞，並與布朗先生的精子在培養皿混合而達到受精。當受精卵分裂成8個細胞囊胚後，再由培養皿移出並植入布朗太太的子宮。成功著床後，胎兒漸漸發育，經過9個多月，露易絲誕生了。這種試管內受孕的技術稱為試管嬰兒(*in vitro fertilization*)。

　　此技術也可用在將試管嬰兒植入別的女性子宮中，借腹生子，當然這可能引起法律糾紛。或是以試管技術培養同卵雙生的受精卵，其中一個先植入母體，另一個則以液態氮冷凍保存，在第一個嬰兒出生後不久，再將其解凍後植入母體，

如此同卵雙生的雙胞胎出生日期竟可以相差18個月！有此技術，我們可以選擇在什麼時候、什麼環境生兒育女了。

不孕症

在美國不孕症(sterile)的夫妻約占10％，這種夫妻無法生育子女。另外，10％的夫妻屬於可（已）擁有1或2個小孩後就不能再生育，此種不孕稱為infertile。

常見的不孕症理由是精子的數目或效率不夠。若是因為精子數目不夠而造成的不孕，可以實驗室技術將多次射出的精液濃縮，使精子數目接近正常，如此可提高懷孕的成功率。另外，常見的不孕症理由是輸精管或輸卵管的阻塞，而無法將生殖細胞送出，這是可以用外科治療的。

有些婦女血中黃體素的濃度太低，其子宮內膜較無法接受受精卵的著床，可以口服黃體素來改善；有些則是卵巢對LH和FSH的感受性較差，每個月濾泡無法發育，若服用人工合成的受孕藥，模擬促性腺激素的效果，可引起濾泡成熟，不過此法常因效果太好，導致每個月排出數個成熟卵子，而造成多胞胎。

結 紮

在美國使用最多的避孕法是外科絕育法，約有24％的夫妻使用。在女性是施行輸卵管結紮(tubal ligation)，即將輸卵管截斷，以避免卵子與精子接觸，而婦女仍然可以繼續排卵，但開刀需要麻醉，會有一定的風險。男性則是以輸精管結紮(vasectomy)，除去兩邊一小段的輸精管，再進行結紮（圖4.53）。射精時，精液可以射出但精液中不含精子，不影響性慾與性交能力。以外科絕育法避孕的缺點在於很難再恢復生育，所以決定不想再有小孩的夫妻，可選擇此法絕育。

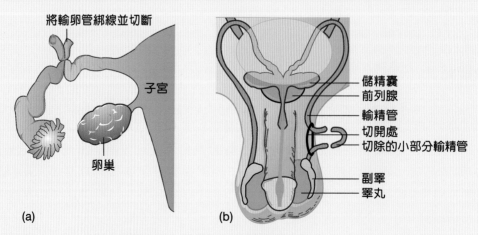

(a)　　　(b)

🐾 圖4.53　(a)女性輸卵管結紮；(b)男性輸精管結紮。

胚胎發生的過程

　　當精子與卵子結合時，細胞核融合的現象稱為**受精**(fertilization)。受精作用創造一個全新的細胞，即擁有成對染色體的**合子**(zygote)。

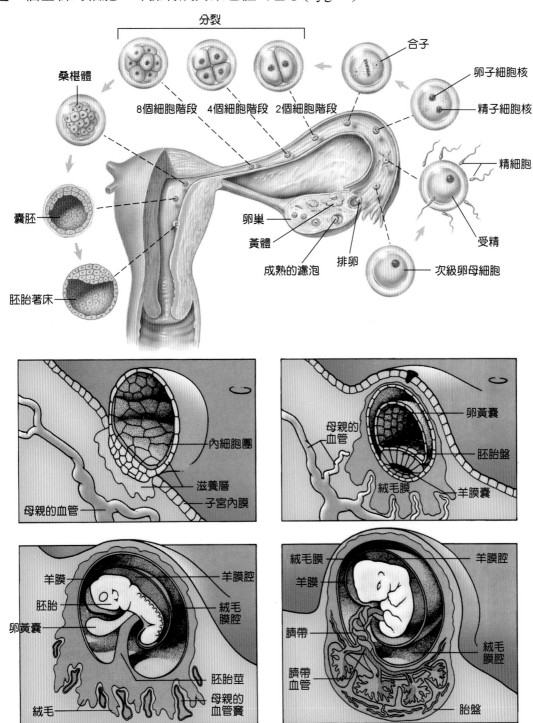

🐾 圖4.54　人類第一個月胚胎的發育。

　　人類的發育模式遵循一般哺乳類的模式，第一次的細胞分裂通常是在受精之後36小時內發生。當合子沿著輸卵管向下移動的時候繼續進行細胞分裂。在第4天之內形成**桑椹囊**(morula)。桑椹囊逐漸形成一個空腔，而變成囊胚，此時細胞分裂的速度減緩。同時，胚胎等待**著床**(implantation)，也就是胚胎與子宮內膜的結合。胚胎穿透子宮內膜的細胞起先稱為**滋養層**(trophoblast)，其後形成明顯的一層**絨毛膜**(chorion)（圖4.54）。

　　著床後胚胎侵入子宮內膜，兩星期之內牢固地嵌入子宮壁，滋養層除了與母親的細胞直接接觸外，另外還有一個重要的功能，就是藉著釋出**人類絨毛促性腺激素**(hCG)，延長黃體的壽命，當黃體不斷釋出黃體素因而防止了月經。著床後的胚胎經歷了幾個組織結構上重要的變化。首先，**內細胞質塊**產生了兩層細胞的**胚胎盤**。其次，**原腸胚**(gastrula)的形成期開始，結果產生三層細胞：**外胚層**(ectoderm)、**中胚層**(mesoderm)和**內胚層**(endoderm)。在個體慢慢成形時，每個胚層將衍生成特化構造（表4.12）。

　　原腸胚形成期結束後，羊膜囊擴張而將整個胚胎包住。**卵黃囊**(yolk sac)與**尿囊**(amniotic sac)（鳥類與爬蟲類用以貯存代謝廢物）被擠縮在一條線狀的組織中，從羊膜囊延伸出來以連接胚胎與母體，這是早期的臍帶。胚胎的血管沿著臍帶生長，而母親的組織與胎兒的組織共同形成的**胎盤**開始出現。基本上，胎盤可視為胎兒的排泄器官、營養器官與呼吸器官。

　　在第4週的發育期間，胚胎的背面外胚層上開始出現兩條縱貫胚胎的明顯的**嵴**。嵴向上隆起造成其間的凹陷，這就是神經系統形成期的開始，在第4週末的時候，**神經管**已然形成，並在胚胎內閉合（圖4.55）。

🐾 表 4.12　三胚層產生的構造

胚層	衍生物
外胚層	神經系統、皮膚表皮、部分眼和耳、毛髮、羽毛、腦垂體及腎上腺髓質、眼睛的角膜及晶狀體、口及肛門的內襯上皮
中胚層	骨骼系統、肌肉系統、循環及淋巴系統、生殖腺、體腔的內襯、腎上腺皮質、皮膚的真皮部分
內胚層	大部分消化系統及呼吸系統的內襯上皮、甲狀腺、副甲狀腺、胸腺及肝臟和胰臟內的腺體，生殖系統、尿道和膀胱的內層

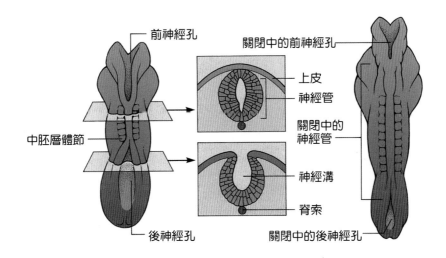

前神經孔
關閉中的前神經孔
上皮
神經管
關閉中的神經管
中胚層體節
神經溝
脊索
後神經孔
關閉中的後神經孔

🐾 圖4.55　人類胚胎的神經系統形成，經過四週的發育之後，神經管完全關閉。

　　此時胚胎的主要器官都已形成或正在形成中。四肢的部位出現肢芽，而胚胎大約有半公分長。這些過程都在25天中進行，母親的月經週期此時只延遲了10天，而她可能正在懷疑是否懷孕了。

延·伸·閱·讀

懷孕分期

　　為了方便，醫師通常將胚胎發育過程分成三個月一期，共有三期。

1. 第一期：由於主要的系統形成都是在此期完成，因此在此期容易受到外在因素的影響，如德國麻疹易使心臟畸形、眼睛受損及耳聾，沙利竇邁鎮靜劑類的藥物易造成四肢畸形等。懷孕 8 週後，胎兒的肌肉與骨骼系統已經可以做出一些動作，而性器官也已發育，此時可以辨別男女。在懷孕 12 週後，胎兒身長約 10 公分。

2. 第二期：器官與系統繼續成長。胎兒長出一層軟的頭髮。在第 5 個月結束時，胎兒的心跳可由孕婦體外聽診器聽到。同時，胎兒的肺擴大，消化系統幾乎可以開始運作；胎兒對突然的光或聲響有反射動作。此時身長約 35 公分，重量約 500~800 公克。

3. 第三期至出生：此期體重急劇增加，胎兒的體重從平均 600 公克到達平均 3,000 公克。在這個期間所有主要的系統都到達不靠母體也能獨立運作的階段。懷孕 8 個月後，早產已不太會有危險，此時醫師注意的是胎盤有否萎縮以及功能不全的情況。

延·伸·閱·讀

人類的發育

1. 這是人類精子和卵結合的一瞬間（圖 4-56a）：中間顏色較深的部分是卵的細胞核。在受精後 36 小時受精卵會進行第一次分裂，並且緩慢地向子宮移動。

2. 受精後第 2 週（圖 4-56b）：胚胎外發育出一些膜狀的構造（絨毛膜）和母體組織相連。絨毛膜上的突起穿透母體組織以獲得母體的養分和氧氣，並將胚胎代謝的廢物擴散到母體血液中，經由母體的排泄系統排出。

3. 受精後第 3 週（圖 4-56c）：絨毛膜持續穿進子宮內膜，圖中輻射狀的突起即為絨毛膜。在絨毛膜，胎兒與母體的血管彼此交錯纏繞，但並無連結在一起，像氣球的構造稱為卵黃膜。人類胚胎一週後，才能自母體血液中得到養分，所以胚胎中必須攜帶能自給自足一週的養分。

4. 第 4 週（圖 4-56d）：胎兒受到羊膜的保護，眼睛、腦、管狀的心臟都已成形，心臟開始跳動。

5. 第 5 週（圖 4-56e）：將胚胎周圍的膜去除，由背部觀之，大約 16mm 長，可見到巨大的頭部，脊髓延伸到臀部，手指、腳趾已出現。圖 4-56f：由絨毛膜向胎兒延伸的血管清晰可見，眼睛下方的器官現在是環狀的心臟。胎兒仍然處於充滿水的環境中。他的組織幾乎是透明的。

6. 第 6 週（圖 4-56g）：將羊膜切除的圖，此時手指已成形，頭部依然占了大部分，手臂上方的小洞將會形成耳。在此時胎兒極易受到化學物質的影響，如有些藥物、X 光等會造成畸形。某些疾病如德國麻疹會使胎兒眼部、心臟、腦部發育不正常。

7. 第 7 週（圖 4-56h）：胎兒漂浮在羊水中，藉由臍帶固定在胎盤上，由於肝臟的快速發育，使得腹部膨脹。

8. 第 8 週（圖 4-56i）：由胎兒的正前方觀之，骨骼出現，此時手腳的骨骼已清楚可見。

9. 第 9 週（圖 4-56j）：眼瞼、外耳開始形成，頭骨尚未癒合。到了第 3 個月，胎兒能擺動手腳，可能開始吸食拇指，並向正確的胎位移動。

10. 第 10 週（圖 4-56k）：骨骼發育已大致完成，長骨之間形成關節，事實上，一直到胎兒出生，關節仍未發育完全。

11. 第 14 週（圖 4-56l）：胎兒像拳頭一樣大，此時母親能感覺到胎動。

12. 第 5 個月末（圖 4-56m）：胎兒表面長出毛髮，此時心跳每分鐘 120~160 次。

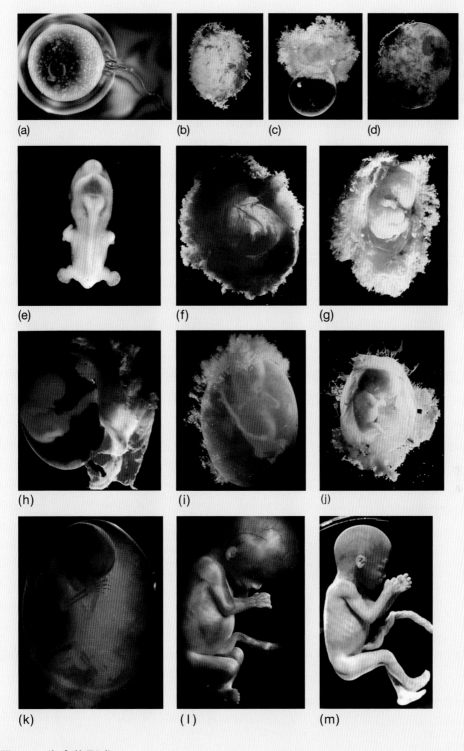

🐾 圖4.56 生命的形成。

生 產

　　開始生產的時候，子宮周圍的平滑肌開始緩慢的收縮，這種稱為陣痛(labor)的節律性收縮是由腦下腺後葉分泌的催產素(oxytocin)所引發的。陣痛持續進行，每次都更加強烈。當子宮頸擴張到10公分寬，而陣痛每2~3分鐘一次時，羊膜囊破裂，羊水經由子宮頸從產道流出。經過反覆收縮後，胎兒被擠出子宮，經過子宮頸進入產道（圖4.57）。

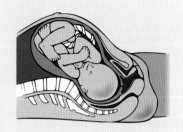

🐾 圖4.57　胎兒生產時從子宮進入產道的姿勢。

　　生產引發的內分泌迴饋作用使得催產素釋入血中，催產素限制通往子宮的血流量，這使得胎盤脫離子宮時所引發的流血量減少。催產素同時可造成乳汁自乳腺釋出（圖4.58），乳房第一次分泌的乳汁稱為初乳(colostrum)。初乳含有多種抗體可以使新生兒於數週之內免於疾病的侵害。產婦照顧新生兒對母子都有益處，人乳對嬰兒是最好的食物，沒有細菌，溫度也適當，而且也不可能產生過敏反應。

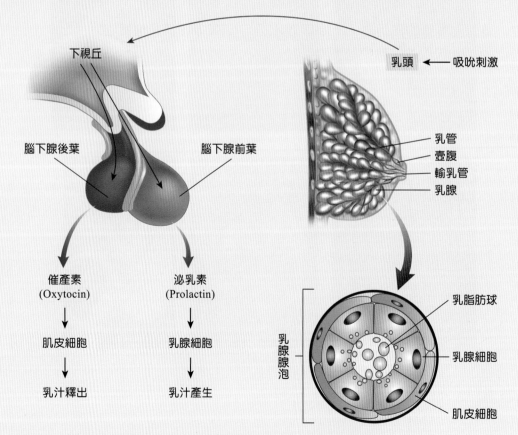

🐾 圖4.58　乳腺產生並釋出乳汁需要神經系統與內分泌系統的參與。

小試身手
EXERCISE

一、選擇題

1. 人類屬於： (a)雜食動物 (b)肉食動物 (c)草食動物 (d)濾食動物。

2. 下列哪一種生物體的消化方式為細胞消化： (a)人 (b)鳥 (c)草覆蟲 (d)蛤。

3. 鳥類有一特化構造為砂囊，請問它的作用為： (a)儲存食物 (b)研磨食物 (c)幫助散熱 (d)廢物排泄口。

4. 消化道中哪一器官具有儲存食物之作用： (a)胃 (b)空腸 (c)迴腸 (d)十二指腸。

5. 小腸內襯具有豐富的皺摺、絨毛，請問此特定結構具有何種功能： (a)增進血液循環 (b)促進營養物消化 (c)退化性結構 (d)增強營養物質吸收。

6. 下列何者可以儲存膽汁： (a)脾臟 (b)胰臟 (c)肝臟 (d)膽囊。

7. 請問乳糜管的作用為： (a)吸收水分 (b)吸收單糖類營養物 (c)吸收脂溶性營養物 (d)吸收胺基酸類營養物。

8. 一氧化碳和血紅素的結合力為a，氧和血紅素的結合力為b，則兩者相比較時，孰強孰弱？ (a)a比b強200倍 (b)a比b弱200倍 (c)a與b相等 (d)a與b無法比較。

9. 下列何者不利吸氣生理作用？ (a)肺內壓小於大氣壓 (b)呼氣肌肉(internal intercostals muscle)收縮 (c)胸腔變大 (d)肺泡變大。

10. 人體肺泡呼吸膜的表面積約為多少平方公尺？ (a)75 (b)700 (c)7 (d)0.7。

11. 氧氣在人體中主要以何種型式運輸： (a)直接溶解於血液中運輸 (b)由血小板運輸 (c)由紅血球運輸 (d)由白血球運輸。

12. 氣喘是一種危及生命的疾病，是因為： (a)產生過敏反應 (b)氣管平滑肌收縮，氧氣供應不足 (c)血管平滑肌收縮，血流供應不足 (d)產生低血壓反應。

13. 一氧化碳中毒的症狀，下列何者為非： (a)昏昏欲睡 (b)失去知覺 (c)臉色發黑 (d)頭痛。

14. 一氧化碳中毒，最好治療方式： (a)給予純氧 (b)給予強心劑 (c)給予溫毯維持體溫 (d)給予呼吸刺激劑。

15. 下列何者非為代謝產物排泄器官： (a)肺臟 (b)皮膚 (c)腎臟 (d)肝臟。

16. 下列哪一個構造可以維持單細胞生物水分的平衡： (a)伸縮泡 (b)鰓 (c)體表 (d)腎管。

17. 下列敘述，何者屬於抗利尿激素之功能？ (a)防止流產，有安胎功能 (b)可應付緊急狀況 (c)可使血液中的血糖轉變成肝糖儲存 (d)增加腎臟對水分的再吸收作用。

18. 人體排泄的含氮廢物，主要是下列哪一種成分？ (a)氨 (b)尿酸 (c)尿素 (d)氮氣。

19. 人類心跳的節律點(pacemaker)位在： (a)房室結 (b)竇房結 (c)房室束 (d)傳導性肌纖維。

20. 排尿動作可以隨意引發或停止，是因為： (a)排尿反射 (b)大腦控制 (c)膀胱控制 (d)尿道控制。

21. 何種狀況會引發尿意感： (a)膀胱尿量達約200毫升 (b)腎臟製造尿液約800毫升 (c)尿道堆積約100毫升 (d)以上皆可。

22. 血管中，何者具有瓣膜： (a)動脈 (b)微血管 (c)靜脈 (d)以上皆是。

23. 下列何者不可控制水平衡： (a)抗利尿激素 (b)醛固酮 (c)下視丘 (d)皮質醇。

24. 飲水行為是因何處神經活化而引發： (a)下視丘 (b)大腦皮質 (c)腦下腺 (d)中腦。

25. 抗利尿激素作用於： (a)近曲小管 (b)亨利氏環 (c)遠曲小管 (d)集尿管 以增加對水分的再吸收。

26. 當血壓下降時，腎臟會分泌何種物質： (a)腎活素 (b)抗利尿激素 (c)醛固酮 (d)皮質醇 以增加血壓。

27. 所謂體液反應，是指下列哪一類型細胞的免疫反應？ (a)T細胞 (b)B細胞 (c)自然殺手細胞 (d)巨噬細胞。

28. 身體受感染時，發炎初期自血管移入組織的白血球主要為： (a)T淋巴細胞 (b)B淋巴細胞 (c)嗜中性球 (d)嗜酸性球。

29. 漿細胞是由何種細胞分化而來？ (a)T淋巴細胞 (b)B淋巴細胞 (c)自然殺手細胞 (d)巨噬細胞。

30. 下列何種白血球在寄生蟲感染時會明顯增加？ (a)嗜中性白血球 (b)嗜酸性白血球 (c)嗜鹼性白血球 (d)巨噬細胞。

31. 下列何者可殺死癌細胞？ (a)T細胞 (b)B細胞 (c)內皮細胞 (d)肝臟細胞。

32. 外骨骼是哪一類動物所具備的構造？ (a)棘皮動物 (b)脊椎動物 (c)軟體動物

(d)節肢動物。

33. 肌肉收縮的能量來源是： (a)AMP (b)ADP (c)ATP (d)乳酸。

34. 昆蟲在何區域分泌幼蟲激素？ (a)咽側體 (b)似心體 (c)前胸腺 (d)下視丘。

35. 腦下腺後葉分泌的激素包括下列何咽側體者？ (a)生長素 (b)性腺促進素 (gonadotropin) (c)促乳素(prolactin) (d)催產素(oxytocin)。

36. 促進腎小管對水分再吸收的抗利尿激素(ADH)，是由何者分泌？ (a)腎臟 (b)腎上腺 (c)腦下腺前葉 (d)腦下腺後葉。

37. 控制昆蟲蛻皮的時間都是何種荷爾蒙引起的？ (a)胸腺素 (b)蛻皮素 (c)幼蟲激素 (d)腦激素。

38. 下列何者之作用，會使血糖降低？ (a)腎上腺素(epinephrine) (b)胰島素(insulin) (c)皮質醇(cortisol) (d)升糖素(glucagon)。

39. 下列哪些激素在人體內，夜間分泌比日間高？ (a)甲狀腺素、動情素 (b)動情素(estrogen)、生長激素 (c)甲狀腺素(thyroxine)、褪黑激素 (d)褪黑激素(melatonin)、生長激素(growth hormone)。

40. 下列何種激素的主要功能是促使血鈣上升？ (a)甲狀腺素(thyroid hormone) (b)副甲狀腺素(parathyroid hormone) (c)胰島素(insulin) (d)生長激素(growth hormone)。

41. 骨骼與肌肉的配合，使得動物得以做出各種精巧的動作。若把人類的骨骼與槓桿系統相比，關節(joint)所扮演的角色就如同： (a)施力點 (b)支點 (c)抗力臂 (d)施力臂。

42. 下列何者具有外骨骼？ (a)蚯蚓 (b)海葵 (c)龍蝦 (d)人類。

43. 腦幹具有整合和傳送感官訊息的功能，其構造不包括下列何者？ (a)中腦 (b)橋腦 (c)間腦 (d)延腦。

44. 糖尿病患是因何種激素分泌異常，導致糖類無法正常吸收而排入尿中？ (a)胰島素 (b)甲狀腺素 (c)生長激素 (d)抗利尿激素。

45. 下列哪一種避孕法最沒有效？ (a)服用避孕丸 (b)計算週期 (c)使用保險套 (d)結紮。

46. 有關胎盤何者錯誤？ (a)懷孕2個月後HCG分泌大量降低 (b)可分泌HCG促使黃體分泌黃體素 (c)會分泌動情素與黃體素 (d)是胎兒與母體間交換養分與廢物的地方。

47. 一個初級卵母細胞會分裂行成幾個卵子？ (a)1個 (b)2個 (c)3個 (d)4個。

48. 通常受精作用在何處進行？　(a)卵巢　(b)輸卵管　(c)子宮頸　(d)子宮。

49. 有關月經週期，何者錯誤：　(a)受到下視丘分泌之GnRF所控制　(b)排卵前期長短變化較大　(c)排卵前期子宮內膜增厚主要受黃體素所控制　(d)排卵後期卵巢激素主要是黃體素。

50. 精子進入女性生殖道後，其受精能力能夠維持：　(a)一天　(b)半天至二天　(c)二到三天　(d)五到七天。

51. 排卵前期主要的卵巢激素是：　(a)LH　(b)黃體素　(c)FSH　(d)動情素。

52. 最快速立即的食物能量來源來自於：　(a)蛋白質　(b)脂肪　(c)碳水化合物　(d)維生素。

53. 蠕動指的是食物藉由哪種方式在消化道的推動？　(a)擴散進入消化道的水壓　(b)食道括約肌的收縮和鬆弛　(c)黏液的分泌　(d)消化道平滑肌波浪般的收縮。

54. 下列何者屬於胃的分泌物？　(a)胰蛋白　(b)鹽酸　(c)胃蛋白酶原　(d)b+c。

55. 昆蟲的循環系統屬於下列哪一種型式？　(a)開放式循環系統　(b)閉鎖式循環系統　(c)依昆蟲的體型大小決定其為開放式或閉鎖式循環　(d)昆蟲未成熟時屬於開放式循環，當蟲體達成熟時則屬於閉鎖式循環。

56. 關於擴散的描述，下列敘述何者正確？　(a)氧無法擴散通過大部分動物細胞的細胞膜　(b)無論在小的或是大的生物體，氧可經擴散作用進入細胞　(c)大型陸生生物的細胞無法進行氧的擴散作用。

57. 下列哪一種生物交換氣體的方式最有效率？　(a)爬蟲類　(b)哺乳類　(c)人類　(d)鳥類。

58. 若停止了營養供應，生物體會先死於缺乏　(a)水　(b)碳水化合物　(c)蛋白質　(d)脂肪。

59. 大部分的二氧化碳以何種方式於血漿中被運輸？　(a)與血紅素結合　(b)與肌紅素結合　(c)直接溶於血漿　(d)形成HCO_3^-。

60. 哪一種血管負責將血液帶離心臟？　(a)靜脈　(b)小靜脈　(c)動脈　(d)上腔靜脈。

61. 在哺乳類動物血液中的哪一種血球具有細胞核？　(a)紅血球　(b)白血球　(c)血小板　(d)a+b。

62. 關於脊椎動物的免疫防禦，以下何者具有高度的特異性？　(a)皮膚　(b)發炎反應　(c)形成抗體的免疫反應　(d)黏膜。

63. 以下何種症狀不是發炎反應的表現？　(a)白血球的吞噬動作　(b)皮膚切傷部位的血流增加　(c)特異抗體的釋出　(d)組織胺的釋出。

64. 愛滋病病毒的潛伏期為　(a)1到6個月　(b)24小時到3個星期　(c)數個月到數十年 (d)不明。

65. 以下何者具有內分泌及外分泌的功能？　(a)松果腺　(b)心臟　(c)胰臟　(d)副甲狀腺。

66. 在動物體中，激素是經由＿＿＿＿傳遞的化學傳訊者，具有＿＿＿＿的功效　(a)血流；刺激或抑制　(b)管道；刺激　(c)淋巴系統；只有刺激的功效　(d)神經系統；刺激或抑制。

67. 下視丘的神經分泌細胞產生　(a)刺激素　(b)礦物皮質酮　(c)糖皮質酮　(d)釋放因子。

68. 當循環血液中睪固酮含量低於正常時　(a)腦下腺停止釋放LH　(b)增加精子的製造 (c)停止釋放GnRH　(d)腦下腺釋放LH。

69. 精子發育的流程，自早期發育到成熟，其細胞的排列順序為何？　(a)精原細胞，精子，精母細胞，精細胞　(b)精子，精原細胞，精母細胞，精細胞　(c)精原細胞，精母細胞，精細胞，精子　(d)精細胞，精母細胞，精原細胞，精子。

70. 排卵是由於哪一種激素的大量釋放所致？　(a)黃體素　(b)動情素　(c)LH　(d)睪固酮。

71. 造成子宮內膜剝落而引起月經的是　(a)動情素與黃體素含量下降　(b)著床　(c)動情素與黃體素含量增高　(d)FSH含量增高。

72. 下列何者為最沒有效率的避孕法？　(a)週期法　(b)避孕丸　(c)保險套　(d)IUD。

73. 三胚層（內胚層、中胚層及外胚層）的形成是在　(a)原腸胚形成期　(b)神經系統形成期　(c)卵裂　(d)胚胎引導期。

74. 人類胚胎的卵黃囊　(a)含有卵黃　(b)並不存在　(c)產生中胚層　(d)胎兒成熟後逐漸消失。

75. 大多數的消化系統內緣起源於　(a)中胚層　(b)外胚層　(c)內胚層　(d)絨毛膜。

76. 在脊椎動物，神經索被什麼代替？　(a)消化管　(b)脊髓柱　(c)體節　(d)肢芽。

77. 脫氨作用是指　(a)氨的分解　(b)腎臟無法保持水分平衡　(c)胺基酸通過肝臟的過濾　(d)從胺基酸上將NH_3移除。

78. 陸生動物必須以尿素或尿酸的形式排除含氮廢物是因為　(a)氨不能以結晶的形式被排除　(b)氨有毒性　(c)要排除氨需要太多的水　(d)以上皆是。

79. 血量上升血壓隨之上升，這會引發　(a)腎活素、血管加壓素以及醛固酮的濃度減少　(b)腎活素、血管加壓素以及醛固酮的濃度增加　(c)腎活素的濃度上升與血

管加壓素的濃度下降　(d)腎活素與血管加壓素的濃度下降，但是醛固酮的濃度上升。

二、配合題

1. 下圖四種控制月經週期的激素分別為：

（　　　）(1)LH

（　　　）(2)FSH

（　　　）(3)黃體素

（　　　）(4)動情素

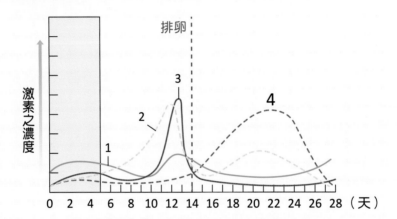

三、填充題

1. 當發生發炎反應時，接近皮膚表面的（　　　　　　）會釋出組織胺使得傷口紅腫。

2. 男性結紮是在何處截斷？（　　　　　）。

3. 人類的發育模式遵循一般哺乳類的模式，第一次的細胞分裂通常是在受精之後（　　　　　）小時內發生。

4. 血中的ADH的濃度是由下視丘與（　　　　　）控制。

5. 愛滋病(AIDS)又稱為後天性免疫不全症候群，其感染之病毒是（　　　　　）。

6. 第二到達受傷處的白血球是哪一種？（　　　　　）。

7. 魚類等水中生物用（　　　　　）呼吸。

8. 呼吸中樞在（　　　　　）。

9. 大部分節肢動物的呼吸系統稱為（　　　　　）。

你答對了嗎？ 一、選擇題：acbad　dcaba　cbcad　adcbb　acdad　abcbb
adcad　ddbdb　bccab　aabcc　dcdda　cdadc　bcccc
addcc　aaadc　bdda

二、配合題：3、1、4、2

三、填充題：肥大細胞、輸精管、36、腦下腺後葉、HIV、單核球、
鰓、延腦、氣管

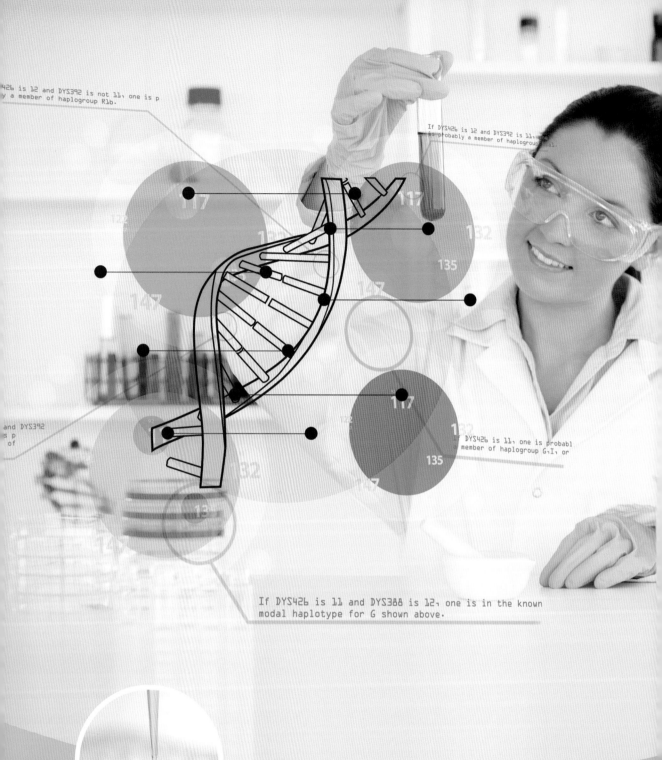

426 is 12 and DYS392 is not 11, one is p
y a member of haplogroup R1b.

If DYS426 is 12 and DYS392 is 11,
s probably a member of haplogroup R1.

117

117

132

135

147

and DYS392
s p
of

147

132

13

147

117

132

135

If DYS426 is 11, one is probabl
member of haplogroup G,I, or

147

If DYS426 is 11 and DYS388 is 12, one is in the known
modal haplotype for G shown above.

BIOLOGY

遺傳學

數千年來，人類已能選擇性地栽種植物及畜養動物，可挑選擁有某些特性的生物作為繁殖的母種來培養下一代。當擁有這些我們想得到特性的下一代（例如：更強健的植株、跑得更快的賽馬、最順從的狗等）成長時，再繼續選擇培養。育種的理論相當簡單：子代有與親代相似的傾向。所以藉著選擇性地培養某些特性的親代，可得到擁有一樣特性的子代。

5-1 孟德爾的遺傳法則

孟德爾

孟德爾(Gregor Mendel)（圖5.1）於1822年誕生在Heinzendorf城，後來進入位於Brno的奧古斯汀修道院成為神父，他對花園裡的豌豆特別有興趣，故利用已知的訊息仔細地設計實驗，以豌豆作為實驗的材料，並利用統計學的方法來解釋生物的遺傳現象，歸納出遺傳學定律。

豌豆是一種**自花授粉**的植物，也就是說豌豆花中同時具備雄蕊與雌蕊，而受精作用常在一朵花中完成。為了達成異花交配的目的，孟德爾切除花中的雄蕊，然後再將另一朵花的花粉移至該花雌蕊上。藉著這個方式，他可進行特定花朵之間的授粉，即所謂的**雜交**

🐾 圖5.1　孟德爾(1822~1884)當代遺傳學之父。

(crossing)。加上每株豌豆可產生許多種子，孟德爾可以依據雜交後產生的後代獲得可靠的統計結果。孟德爾發現豌豆有七個相對性狀（圖5.2）。

在某次實驗中，孟德爾將紫花豌豆的花粉移到白花豌豆的雌蕊上。另一方面，也把白花豌豆的花粉移到紫花豌豆的雌蕊上。結果他的第一個發現是這兩種授粉方式所得到的結果並沒有什麼差異。

性狀	種子形狀	種子顏色	花色	豆莢顏色	豆莢形狀	莖的高度	花和果實的位置
顯性	圓形種子	黃色種子	紫色	綠色豆莢	飽滿豆莢	高莖	花和果實腋生
隱性	皺形種子	綠色種子	白色	黃色豆莢	緊縮豆莢	矮莖	花和果實頂生

🐾 圖5.2　孟德爾發現的七個相對性狀。

　　孟德爾的第一個實驗是以紫花植株和白花植株交配，一開始作為交配的植株稱為**親代**(parental or P generation)。而經由親代交配產生的下一代則稱為**第一子代**(first filial or F_1 generation)。在第一子代中花色全部都是紫色，白花的性狀似乎消失無蹤。孟德爾接著讓這些植株自花授粉，即$F_1 \times F_1$，產生了**第二子代**(second filial or F_2 generation)。就在他所收集產生的929顆種子（即第二子代）中，孟德爾意外的發現其中的705顆種子萌芽成長成紫花豌豆，而其餘的224顆種子卻萌芽成長成白花豌豆。紫花與白花豌豆比例約為3.1：1（圖5.3）。

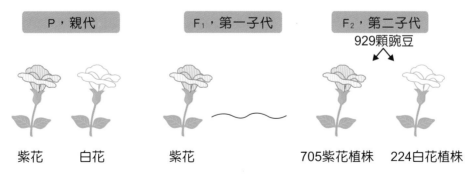

🐾 圖5.3　孟德爾的第一個實驗是以白花植株與紫花植株交配（親代，P），產生的種子成長後為紫花的植株（第一子代，F_1）。在自然狀況下讓第一子代植株繁殖，會產生白花與紫花的第二子代(F_2)。

　　孟德爾假設遺傳特徵是由**因子遺傳**(particulate inheritance)系統中個別的單位所決定，而同時出現在豌豆植株的每一個性狀應是由二個這種單位所左右。孟德爾將這種單位稱為「Merkmal」，此字在德文中為「特徵」的意思。現在我們稱這種單位為**基因**(genes)，我們也知道豌豆外表性狀大部分都由細胞中兩個基因來決定。假如要以記號代表這些單位，我們經常都以大寫的P表示孟德爾實驗中的紫花基因，而以小寫的p表示白花基因。P和p就是眾所周知的**對偶基因**(alleles)，此為一基因的不同型式，在此例子中指的就是控制花色的基因。孟德爾最特殊的洞察力之一就是了解生物在形成生殖細胞（或稱為配子）時，每個配子僅攜帶兩個對偶基因中的其中一個。因此，配子形成的過程中每對對偶基因彼此**分離**(separated)。舉例來說，在孟德爾的實驗中，第一子代接受紫花親代的一個對偶基因，而從白花親代獲得另一個對偶基因。藉由此種方式，親代提供自身的遺傳物質給子代。

　　我們可以將對偶基因以平方方式展開成**布涅特氏方陣**(Punnett square)，又稱為**棋盤格方法**（圖5.4）。在方陣的一側寫上父系能產生的所有配子基因型，另一側則寫上母系能產生的配子基因型。然後利用方陣中的格子將可能發生在子代的對偶基因組合起來。如圖所示，當第一子代自交時，結果第二子代中1/4擁有PP的基因型，1/4擁有pp的基因型，剩餘1/2擁有Pp的基因型。布涅特氏方陣對於基因組合的預測是相當有用的工具。

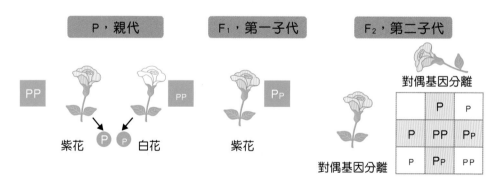

🐾 圖5.4　孟德爾認為花色取決於二個因子（或對偶基因），並以此解釋他的實驗結果。第一子代傳承了一個紫花對偶基因(P)和白花對偶基因(p)。在其產生配子時，此二對偶基因再度分離。利用布涅特氏方陣便能得到配子組合後之基因型，所以可以預測在第二代所傳承的性狀。

顯性定律

　　孟德爾發現當親代雜交時，它們的性狀（特徵）不會混合。圖5.3及圖5.4顯現了一個極為值得注意的結果，那就是同時擁有P與p基因的豌豆花色呈現紫色，即花色為紫色的基因對白色的基因是**顯性**(dominant)的。這就是為何要以大寫的P表示紫色的原因了。孟德爾從豌豆的七個相對性狀來做實驗，在各個實驗當中，其中的一個性狀會在第一子代占優勢。而似乎在第一子代消失卻在第二子代重新出現的另一個性狀則稱為**隱性**(recessive)。孟德爾提出假設解釋這種現象，他認為基因對中，顯性對偶基因與隱性對偶基因同時存在時，顯性對偶基因會因優勢而操控著外表性狀，只有在基因對中的二者皆為隱性對偶基因時，豌豆隱性的性狀才會出現。

　　僅靠在花園中的豌豆雜交實驗，孟德爾確立了遺傳學中三大法則中的兩大項：

1. 生物的性狀由個別稱為基因的遺傳單位控制。每個生物個體的基因由成對的**對偶基因**構成，其中的一個對偶基因來自父方，另一個則來自母方。當生物個體成熟在製造生殖細胞時，該對對偶基因會彼此分離，此即為**分離定律**(principle of segregation)。

2. 若生物的一基因中擁有不同對偶基因，則其中一個對偶基因的表現比另一個顯著，此即為**顯性定律**(principle of dominance)。

基因型與表現型

　　每個生物個體均有其遺傳組成，此即**基因型**(genotype)；而彰顯出來的特徵便稱為**表現型**(phenotype)。基因型是由上一代傳承而來，表現型則在環境及基因型共同影響下形成。具有相同表現型的不一定擁有一樣的基因型。基因中含有兩個完全相同的對偶基因（PP或pp）時則稱該基因為**同型基因結合**(homozygous)。另一方面，若為相異的對偶基因(Pp)時則稱為**異型基因結合**(heterozygous)。在圖5.3，我們是如何知道705個都是紫花的植株中何者是同型基因結合，何者又是異型基因結合呢？孟德爾發展出一種稱為**試交**(test cross)的簡單技術，使他能測知任何植株的基因型。只要將未知基因型的植株與隱性同型基因結合植株交配，再計算其產生子代表現型的比例，即可得知未知基因型植株的基因型。

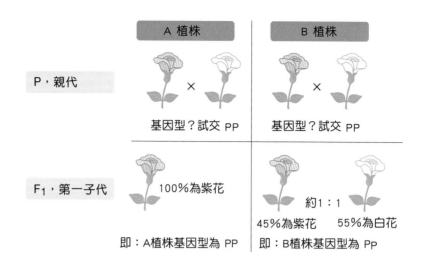

	A 植株	B 植株

P，親代 　　　　　　🌹 × 🌹 　　　　🌹 × 🌹
　　　　　　基因型？試交 PP 　　　基因型？試交 PP

F₁，第一子代　　🌹 100%為紫花 　　🌹 🌹
　　　　　　　　　　　　　　　　　約 1：1
　　　　　　　　　　　　　　45%為紫花　55%為白花
　　　即：A植株基因型為 PP 　即：B植株基因型為 Pp

🐾 圖5.5 利用隱性同型基因個體試交可測知未知基因型個體之基因型，試交後產生之子代可以作為判斷之依據。

　　圖5.5的例子顯示試交後若所得之子代皆為紫花，則欲測試之親代基因型必為PP。試交後若所得之子代紫花與白花各半（紫花9株，白花11株，比例為1：1），則欲測試之親代基因型必為Pp。試交對基因型的測定是相當有效的工具，同樣可以測知動物的基因型。

獨立分配定律

　　孟德爾想要知道是否多個不同基因的對偶基因應與單一基因的對偶基因一樣，在形成配子的過程中會分道揚鑣，於是他著手進行了類似圖5.6的一連串實驗。將能產生黃色光滑種子的植株與產生綠色皺縮種子的植株交配，得到的第一子代全部都是能產生黃色光滑種子的植株。顯示了黃色對偶基因對綠色對偶基因、光滑對偶基因對皺縮對偶基因為顯性。

　　如果掌控種子外皮和掌控種子顏色的基因在配子形成過程中，彼此互不干涉，各自分離，則其第一子代將產生以下四種基因組合的配子—RY、Ry、rY、ry，需要特別強調的是上述四種配子型必須是：控制任一性狀的對偶基因的分離是獨立自主而不受其他性狀對偶基因左右的。此即**獨立分配定律**(independent assortment)。在此例中，配子獲得任一控制種子外表的對偶基因（R或r）與獲得任一控制種子顏色的對偶基因（Y或y）是毫不相干的。也就是說R、r和Y、y的分離是各自獨立的。

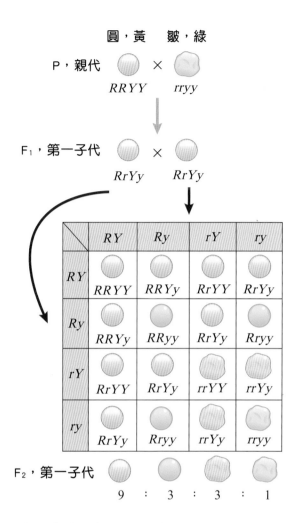

圖5.6　孟德爾雙因子雜交實驗。第一子代皆為顯性性狀。若第一子代自交，則依獨立分配的原理可產生比例為9：3：3：1四種表現型的第二子代。

5-2　DNA、基因與染色體

DNA的結構

　　在1928年，英國科學家F. Griffith發現一種死的、致病的光滑型肺炎球菌，其細胞抽取液可以將無害的粗糙型肺炎球菌轉變成致病的細菌，他將發現的這個過程稱為**轉化作用**(transformation)（圖5.7）。並猜測當活的細菌與死的細菌在一起

的時候，死的細菌之中有一種「因子」被轉到活的細菌之中。這個因子永久地改變了活的細菌的特徵。

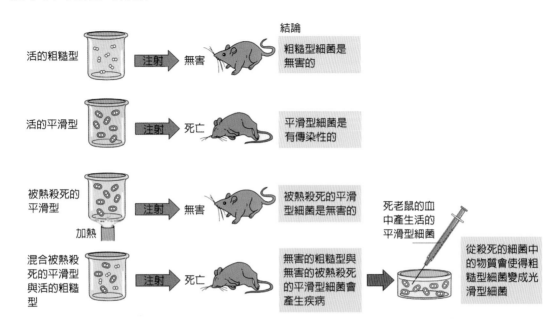

🐾 圖5.7　以簡圖表示Griffith的轉化實驗，將能夠引起肺炎的細菌用熱殺死後，其抽取液能夠將無致病力品種的細菌轉化成具有致病力。Griffith在病鼠體內找到活的具有致病的細菌。

在1952年，A. Hershey等人利用放射性同位素追蹤技術來決定病毒的遺傳物質的組合。他們預備的T2噬菌體帶有^{32}P標示的放射性DNA及^{35}S標示的放射性蛋白質，再將這些帶有放射性的病毒與細菌混合後，等待數分鐘，讓病毒有時間與細菌接合，然後開始感染的過程。感染後，他們分析了細菌之中的放射性的模式。他們發現大多數含有^{35}S的物質仍然在病毒之中，有^{32}P標示的物質卻已經被注入細菌細胞內了。最後從受感染的細菌中被釋出的病毒的DNA也含有^{32}P的標示（圖5.8）。所以結論是轉化因子是DNA，攜帶遺傳訊息的分子是DNA而非蛋白質。

核酸(nucleic acid)是多數**核苷酸**(nucleotide)連結而成的**多核苷酸**(polynucleotide)長鏈。在1940年末，科學家已經了解多核苷酸的一般化學性質。DNA是一種包含有四種氮鹼基的核酸，其分別是**腺嘌呤**(adenine)、**鳥糞嘌呤**(guanine)、**胞嘧啶**(cytosine)與**胸腺嘧啶**(thymine)，代號分別是**A**、**G**、**C**及**T**（圖5.9）。生化學家E. Chargaff(1949~1953)首先發現了四種氮鹼基的相對比例，鳥糞嘌呤(G)與胞嘧啶(C)的比例幾乎都相等，而腺嘌呤(A)與胸腺嘧啶(T)的比例幾乎也都相等。我們可以以符號表示這個關係：[A]＝[T]；[G]＝[C]。

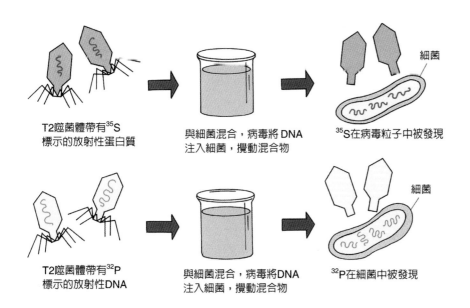

🐾 圖5.8　Hershey-Chase的實驗。為了決定是蛋白質或DNA攜帶病毒的遺傳訊息，他們將病毒DNA以^{32}P標示，而用^{35}S標示病毒的蛋白質。其後將細菌外的病毒外殼去掉之後，他們發現^{32}P進入到受感染的細菌之中。

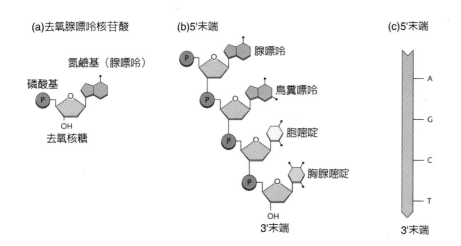

🐾 圖5.9　核酸的基本構造：(a)核酸的次單位中含有一個五碳糖（可以是核糖或去氧核糖）。接到第五個碳的一個磷酸基，以及一個接到第一個碳的氮鹼基。(b)核酸的次單位的聚合體。五碳糖與磷酸基的鏈有兩種化學結構不同的末端：上面的5'末端有一個磷酸基接到第五個碳，下面的3'末端有兩個氫氧原子接到第三個碳。氮鹼基延伸到鏈的旁邊。(c)是強調氮鹼基的簡圖。

　　1953年，在劍橋大學工作的J. Watson與F. Crick根據前人研究的結果，提出雙螺旋體之DNA模型，這兩條鏈反向平行、相互扭轉形成像迴旋樓梯的**雙螺旋體**(double helix)（圖5.10）。DNA是六大生命物質中唯一可自我複製的分子，雙股的DNA分子由相當弱的許多**氫鍵**連繫在一起。氫鍵的強度很弱是DNA分子結構的特徵，如此當分子要複製的時候兩股才能夠分開（圖5.11）。DNA的複製過程中會產生兩個完全相同的DNA分子，其中每一個分子都含有一個「新」股及一個「舊」股。這種複製法稱為**半保留複製法**(semiconservation replication)（圖5.12）。

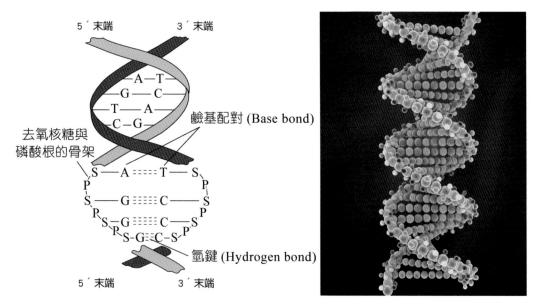

🐾 圖5.10　左圖DNA雙螺旋體的平面模型；右圖電腦繪製的三度空間DNA模型。

轉錄、轉譯作用

　　DNA中的氮鹼基次序可以指導蛋白質的合成。DNA如何完成這項工作？首先，DNA並不直接指導蛋白質中的胺基酸次序，而是用DNA的其中一股作為模板，作出互補性的一股**核糖核酸**(RNA)分子（圖5.13）。RNA與DNA有兩點不同：

1. RNA的鏈狀結構中使用的是核糖而不是去氧核糖。

2. RNA中的四種氮鹼基是腺嘌呤、鳥糞嘌呤、胞嘧啶與尿嘧啶，其代號分別是A、G、C及U。

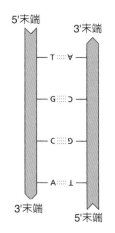

🐾 圖5.11　DNA的兩條螺旋體由氮鹼基之間的氫鍵結合在一起。

RNA形成的過程稱為**轉錄**(transcription)。RNA中氮鹼基的次序可做為指導蛋白質形成的指令。在蛋白質合成的過程中，需要至少三種RNA的參與，即**傳訊者RNA** (mRNA)、**轉運者RNA** (tRNA)及**核糖體RNA** (rRNA)。

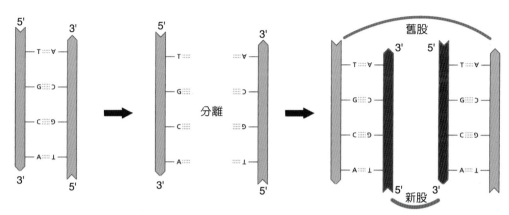

(a)雙股DNA分子由相當弱的許多氫鍵連繫在一起。

(b)複製開始時，雙股DNA相互分離，各股的鹼基顯露出極性。

(c)以舊股為模板，複製新的一股，此複製法稱為半保留複製法。

🐾 圖5.12　半保留複製法。

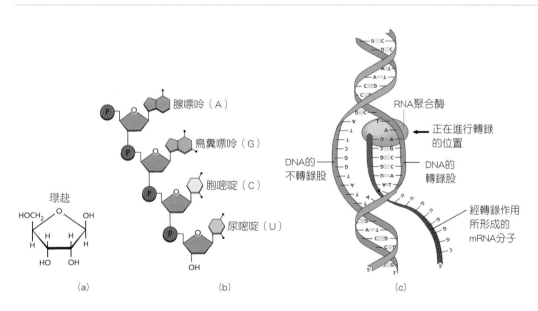

🐾 圖5.13　(a)RNA的結構。(b)RNA的氮鹼基是腺嘌呤、鳥糞嘌呤、胞嘧啶與尿嘧啶；(c)RNA的製造採用與DNA同樣的氮鹼基互補規則。互補的RNA股由RNA聚合酶製造。

解讀RNA中的三個氮鹼基一組的密碼

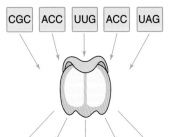

5' CGC ACC UUG ACC UAG 3'

第一步：將訊息變成三個氮鹼基為一組的密碼

| CGC | ACC | UUG | ACC | UAG |

第二步：解碼系統（核糖體與轉運者RNA）將密碼解讀成胺基酸

精胺酸　酥胺酸　白胺酸　酥胺酸　停止

☙ 圖5.14　解讀RNA意義的方式：(1)將三個氮鹼基分為一組；(2)將每組密碼解譯成為一個胺基酸或停止的訊號。

mRNA攜帶有指導蛋白質合成的指令，這些指令被稱為**遺傳密碼**(genetic code)。遺傳密碼由RNA的三個氮鹼基為一組所組成的，根據每一組的指令將特定的胺基酸帶到結合的位置（圖5.14）。在1960年代初期，生物學家開始破解遺傳密碼。今日我們可以在表格上將每一種密碼所指定的胺基酸列出來（表5.1）。

☙ 表5.1　RNA上的64種密碼子，有三個密碼（UAA, UAG 及 UGA）指定的是「停止」

第一鹼基		第二鹼基							
		U		C		A		G	
U	U	UUU	苯丙胺酸	UCU	絲胺酸	UAU	酪胺酸	UGU	硫胱胺酸
		UUC		UCC		UAC		UGC	
		UUA	白胺酸	UCA		UAA	終止	UGA	終止
		UUG		UCG		UAG		UGG	色胺酸
	C	CUU	白胺酸	CCU	脯胺酸	CAU	組胺酸	CGU	精胺酸
		CUC		CCC		CAC		CGC	
		CUA		CCA		CAA	麩醯胺酸	CGA	
		CUG		CCG		CAG		CGG	
	A	AUU	異白胺酸	ACU	酥胺酸	AAU	天冬醯胺酸	AGU	絲胺酸
		AUC		ACC		AAC		AGC	
		AUA		ACA		AAA	離胺酸	AGA	精胺酸
		AUG	甲硫胺酸	ACG		AAG		AGG	
	G	GUU	纈胺酸	GCU	丙胺酸	GAU	天冬胺酸	GGU	甘胺酸
		GUC		GCC		GAC		GGC	
		GUA		GCA		GAA	麩胺酸	GGA	
		GUG		GCG		GAG		GGG	

　　tRNA的工作是將mRNA中的密碼解讀及把適當的胺基酸帶到核糖體上。每一個tRNA都有與密碼互補的三個氮鹼基組成的反密碼。

　　構成核糖體的RNA稱為核糖體RNA (rRNA)，功能不明，但是有些證據顯示其在多胜肽鏈的形成上扮演重要角色。而核糖體所做的是沿著mRNA讀取密碼，並抓住氨基酸，形成胜肽鏈（圖5.15），蛋白質合成的過程稱為**轉譯**(translation)。

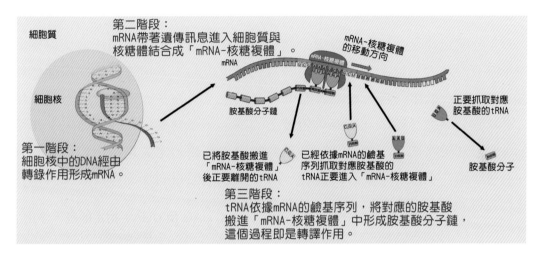

🐾 圖5.15　DNA經轉錄作用所形成的m-RNA會進入細胞質和核糖體結合成「mRNA-核糖複體」，而tRNA依據mRNA的鹼基序列，將指定的胺基酸搬到複體上，合成蛋白質的機制稱為轉譯作用。

　　核糖體的角色就是將蛋白質合成的步驟整合起來：從啟動密碼的閱讀到每一個胜肽鏈的形成及多胜肽鏈的結束。核糖體是內含各種蛋白質合成所需的酵素的小型工廠。

　　蛋白質的合成從DNA經RNA到蛋白質的資訊流程可以圖5.16表示，分子生物學家稱這個流程為「**中心教條**」。

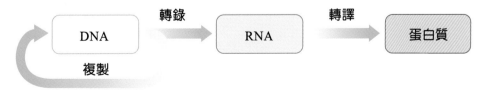

🐾 圖5.16　中心教條流程。

基因與染色體

　　1902年，美國科學家蘇頓(Walter Sutton)和德國生物學家玻威立(Theodor Boveri)大膽的提出孟德爾所謂的遺傳因子「位於染色體上」，並且假設基因位於染色體上就好似珠子在項鍊上。他們是對的，因為細胞分裂及減數分裂時染色體行為的研究印證了孟德爾的遺傳模型方能完美地說明遺傳基因位於染色體上，以及如何藉著單套生殖細胞將遺傳特性一代傳給一代。

　　獨立分配定律是孟德爾學說中一個相當重要的觀念，但是很快地遺傳學家發現並非所有的基因均遵循此定律。有些基因是以群的方式遺傳，就好像他們彼此**連鎖**(gene linked)在一起。理由很簡單，連鎖在一塊的基因是位於同一條染色體上。當減數分裂進行時，同一條染色體上的基因並不分離。有些並非完全連鎖，現在我們已知這答案和減數分裂時染色體的變化有關，尤其是當它們形成四分體時。生物學家在顯微鏡下觀察時發現，同源染色體配對的那刻會彼此交換物質，這種行為導致對偶基因能在同源染色體之間對調位置。就在聯會進行時，同源染色體似乎都會有互相交換對偶基因的行為，這個過程稱為**基因互換**(crossing over)（圖5.17）。基因互換會造成染色體上的基因重新組合。

　　突變(mutation)是指遺傳物質發生改變，可分為二種，一種是**基因突變**(gene mutation)，另一種是**染色體突變**(chromosome mutation)。基因突變常發生在DNA複製時，可能是缺失、重複、錯誤的鍵結、或是被其他核苷酸所取代。通常小小

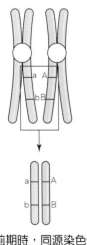

前期時，同源染色體
配對形成四分體

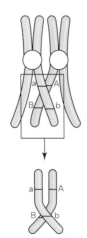

互換時，染色
物質互換

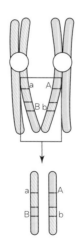

重組的基因分開至
相對的位置上

🐾 圖5.17　基因互換的發生可使連鎖基因分開，互換可形成新的連鎖對偶基因組合。在此例中互換發生在對偶基因A和B之間。

的改變就會造成極大的影響。由於三個核苷酸組成一個遺傳密碼，因此一個核苷酸的增加或缺失，即可能完全改變了應產生的蛋白質。例如鐮刀型貧血便是因基因突變所造成的。染色體突變通常發生在減數分裂的過程中，可能是染色體斷裂、失去一段染色體（缺失）、或斷裂的染色體雖又接回但方向錯誤（倒位）、或某一段重複多次。其中最嚴重的染色體突變是染色體缺失，因為缺失多種基因會造成子代死亡（圖5.18）。雖然細胞中突變發生的機率很高，但是DNA相當穩定，修復系統效率高，不易破壞，若有一些DNA的改變未被發現，這時這些改變的DNA就會形成突變。

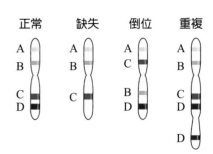

🐾 圖5.18　染色體突變。

5-3　血型的遺傳

事實上，有許多決定遺傳性狀的基因可能擁有三個、四個，甚至十個對偶基因，此稱為**複對偶基因**(multiple alleles)。若一性狀是由超過兩個以上的基因控制時便稱為**多基因遺傳**(polygenic)。特別是像外形或結構這些複雜的性狀大半是由多基因遺傳所左右，像人類身高就至少受10個不同的基因所影響。膚色亦然，而不是只有單純的顯性、隱性二種膚色而已。當表現型同時出現兩個對偶基因的性狀時便稱為**共顯性**(codominant)，此時二個對偶基因彼此之間並無顯隱性的關係。最著名的例子就是人類ABO血型的遺傳，該基因擁有三種對偶基因，分別為I^A、I^B和i。I^A和I^B均為顯性，i為隱性。因此具有$I^A I^A$或$I^A i$者為A型血，具有$I^B I^B$或$I^B i$者為B型血，同時擁有對偶基因$I^A I^B$者即為AB型。I^A和I^B均表現出其性狀，可說是典型的共顯性。至於具有同型基因(i/i)的人其血型為O型（表5.2）。

🐾 表 5.2　血液基因型及其表現型

基因型	表現型
$I^A I^A$	A
$I^B I^B$	B
$I^A I^B$	AB
ii	O
$I^A i$	A
$I^B i$	B

　　血型的種類是由紅血球細胞的**抗原**(antigen)決定。抗原是免疫系統用來識別敵我的標記分子。如果供血者的紅血球細胞表面抗原不同於受血者紅血球細胞表面抗原時，受血者的免疫系統便認定此為外來物而引起激烈反應。成功的輸血就是必須能排除這種危險的情況。

　　A型血液的紅血球細胞表面上有A抗原，B型血液的紅血球細胞表面上有B抗原，AB型血液的紅血球細胞表面上既有A抗原也有B抗原，O型血液則不含任何抗原。O型血液中不含任何抗原，故有「萬能供血者」之稱，被認為能安全地輸至ABO血型中的任一種中。相反地，AB型血液有「萬能受血者」

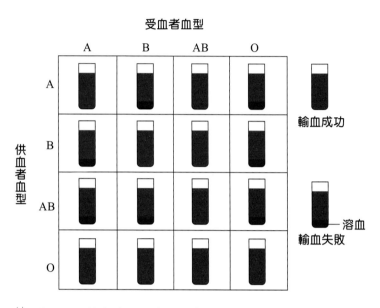

🐾 圖5.19　輸血時ABO血型中各血型的相容性。

之稱。因為它能接受ABO血型中的任一種。實際輸血之前，醫師必須確認血液能互相符合才能進行（圖5.19）。

 延·伸·閱·讀

血型

　　ABO血型並非唯一的血型，還有一種極為重要的血液抗原稱為Rh因子(Rh factor)。身體內無Rh因子的稱為Rh陰性，反之稱為Rh陽性。ABO血型及Rh血型的試驗在醫療過程中頗為重要。血型分類通常均須列出此兩組抗原：O⁺代表O型、Rh陽性血液；B⁻代表B型、Rh陰性血液。Rh血型分類對孕婦特別重要。當Rh⁻的婦女懷了Rh⁺的胎兒時，只要生產過程中有一點點胎兒的血液滲入母體內，便會活化母親對Rh⁺血液的免疫反應。一般而言，此症狀對第一胎沒什麼影響，但若第二胎仍是Rh⁺時，就得小心預防孕婦的免疫系統攻擊「外來的」Rh⁺胎兒，而造成母子的危險。幸運的是，藥物「樂根(RhoGAM®)」－是一種抗體(antibody)，可以直接和Rh抗原結合－可在一生完Rh⁺的孩子後注射到母體中。當抗原抗體結合後，可避免母親的免疫系統暴露在Rh抗原下，如此方能免除對下一個胎兒造成激烈的反應。

鐮刀型貧血

此為體染色體隱性遺傳疾病，常見於黑人。患者血中的攜氧蛋白質異常
（HbS取代正常HbA），紅血球呈鐮刀狀，無法攜帶氧氣，且會造成栓塞，嚴重
時會致死。

5-4 性聯遺傳

人類是以有性繁殖的多細胞生物，其體細胞擁有46條染色體，人體所有的遺
傳成分均在這些染色體上，其中有2條被稱為**性染色體**(sex chromosomes)（女性為
ＸＸ，男性為ＸＹ），其餘的44條染色體則被稱為**體染色體**(autosomal
chromosomes)。體染色體由22對同源染色體組成，而且每一對同源染色體中的一
條來自父親，另一條來自母親。通常我們都以44XX代表女性、44XY代表男性來
顯示他們的染色體組成。

性聯遺傳(sex-linked)是指基因
位於X或Y染色體上，至於在其餘44
條體染色體上的基因則稱為體染色
體遺傳。人類的X染色體上含有頗多
的重要基因。當你拿為數甚多的X-
連鎖基因與相形之下微不足道的Y染
色體比較時，X染色體的複雜性更顯
得突出（圖5.20）。因為男性只有一
條X染色體，他們極易受X-連鎖基因
缺陷之苦。女性擁有二條X染色體，
除非二條染色體上的對偶基因均為隱
性，否則是不會有什麼不良影響的。
男性則因擁有唯一的一條X染色體，
只要此染色體上的基因一有缺陷就會
原形畢露，無所遁形。

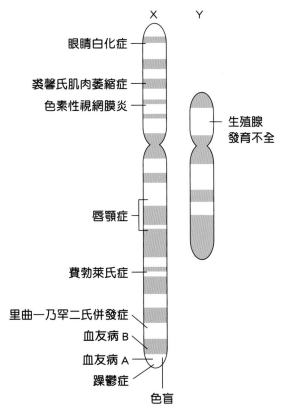

🐾 圖5.20　人類X和Y染色體的基因輿圖。

延·伸·閱·讀

核型分析

　　核型分析(karyotyping)的技術可仔細端詳人類的染色體。核型分析已是遺傳學及醫學上用來檢視異常染色體的標準程序，如圖5.21。

其他型式的性別決定

　　人類和果蠅剛好都屬於同一型式的性別型式，但並非所有的生物都是這樣的。有一些昆蟲缺少Y染色體，其雄性的染色體為XO，雌性為XX（在此O表示少了一條染色體）。鳥類及蛾類的雄性性染色體是ZZ，雌性則擁有ZW或ZO（使用英文字母Z和W是為了與XY系統區別）。

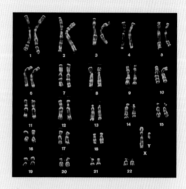

🐾 圖5.21 染色體圖的備置。

　　另外，蜜蜂和螞蟻的性別是藉著一種稱為單－雙套系統(haplo-diploidy)來決定。此系統中沒有所謂的性染色體。雄性個體是由未受精的卵發育，所以是單套的；雌性個體則是由受精卵發育而成，因此是雙套的。

人類遺傳學的材料：譜系

　　家庭成員的出生、婚姻及死亡等記錄常以譜系(pedigree)來表示，藉此圖表我們可以追蹤個人的遺傳關係。圖5.22顯示Johrson家庭成員及其譜系「追蹤海洋性貧血症」。

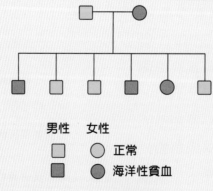

男性	女性	
⬜	⬤	正常
⬛	⬤	海洋性貧血

🐾 圖5.22　以家族譜系圖表示其家庭成員之遺傳關係。

性聯遺傳疾病─血友病

血友病(hemophilia)的發生是因為促使正常凝血功能的基因不正常造成的。常見的二種血友病均是X-連鎖隱性遺傳疾病。當基因不正常時便無法產生凝血時必須的蛋白質─**凝血因子**(clotting factor)。就如同其他性聯遺傳疾病一般，女性的血友病患相當罕見。該症患者幾乎都是男性。兩條X染色體上均帶著隱性對偶基因的女性才會出現血友病的症狀，而實際上患者均為男性，卻不會由父傳子。原因很簡單，因為男孩自父親得到的性染色體是Y而非X染色體，而他所擁有的X染色體是來自母親。女性雖難得會為性聯遺傳疾病所累，卻會將其傳給自己的兒子。

血友病分為：

1. 血友病A：缺乏第八凝血因子，為性染色體（X染色體）隱性遺傳，好發男性。

2. 血友病B：缺乏第九凝血因子，為性染色體（X染色體）隱性遺傳，好發男性。

3. 血友病C：缺乏第十一凝血因子，為體染色體隱性遺傳，男女機會一樣。

性聯遺傳疾病─色盲

色盲(colorblindness)是一種頗為常見的X-連鎖隱性遺傳疾病。掌控眼睛判別顏色的三對對偶基因均位於X染色體上，而只要其中任何一對有缺陷便會影響辨色的能力。無法分辨與綠色混在一起的紅色是一種最普遍的色盲型式。不過有一種罕見的色盲稱為**全色盲**(achromatopsia)，卻是由體染色體異常所造成的，患者完全無法判別顏色（圖5.23）。

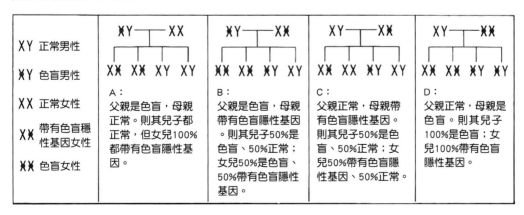

🐾 圖5.23　色盲基因在各種情況下的出現機率。

5-5 ┊ 生物技術與應用

遺傳工程

　　在過去數千年中已進行的植物及動物的育種工作也算是間接地在操縱基因。然而如果動物育種學家想要有一群生產褐色羊毛的綿羊，他就必須等待一隻褐色的綿羊出現，然後用那隻綿羊與其他的羊群交配，如此在數代之後才能逐漸地達成他的目的。

🐾 圖5.24　經過基因工程改良的螢光魚。

　　遺傳工程則是直接將新的基因引入生物體而產生新的特徵（圖5.24）。這種方法較傳統的育種方法快得多，而且也使得研究人員引入來源不同的基因，使得生物體達成數個不同的目的。

　　遺傳工程可以利用細菌製造人類無法獲得的大量蛋白質。例如將人類胰島素基因送到細菌內，再利用細菌大量繁殖並製造出人類的胰島素（圖5.25）。這種激素目前已能被重組DNA的細菌大量製造，所以很容易獲得。此外生長激素、干擾素、凝血因子和疫苗等產品也以此法發揮出顯著的療效。

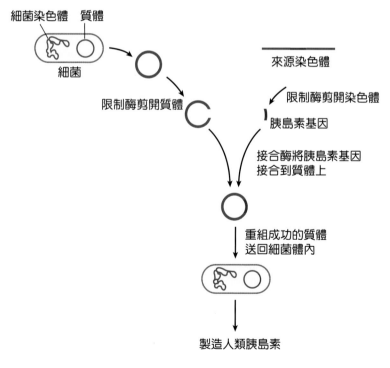

🐾 圖5-25　以基因重組方法製造胰島素。

延·伸·閱·讀

染色體遺傳

　　人類的生殖是從精子與卵子的製造開始。正常情況下，每對染色體仕減數分裂第一期便會分開。但有些時候也會因分離機制出了差錯導致同源染色體沒有分離而進入同一細胞中，這就是不分離的現象(nondisjunction)。所形成的精子或卵子不正常，其後再結合而成的受精卵會含有異常數目的染色體。

　　最常見的是一種因擁有三條第21號染色體而引起的病變─三染色體21(trisomy 21)，又稱唐氏症(Down syndrome)。該症不但有心智遲鈍的現象，對傳染病抵抗力也不佳，並且壽命不長。其心智遲鈍的程度因人而異，病童個性熱情而可愛，與周遭的人關係甚為親密。

　　年齡超過35歲的孕婦生下唐氏症病童的比例會戲劇化地升高。20~30歲的孕婦產下的胎兒中每1,000人中有1人是唐氏症患者，而40歲以上的孕婦則每產下100人中便有1人患唐氏症。是什麼因素造成這樣的現象呢？理由是女性一生中要排的所有卵子在她們出生時已處於減數分裂的第一次分裂前期，待欲排卵時才繼續未完成的步驟。卵子長期的不活化易造成進行減數分裂時染色體不分離的錯誤（圖5.26）。

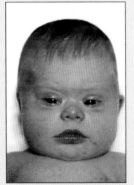
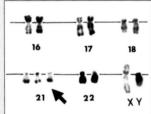

🐾 圖5.26　左圖：唐氏症患童。右圖：唐氏症患童的部分核型。注意多出來的21號染色體。

　　能夠表現外來基因的重組細菌還有許多可能的應用。例如：可以分解有機廢物的細菌、生產肥料的細菌、將木材中的纖維素分解成為食物來源的細菌，以及可在石油汙染環境時利用吃油細菌來清理油汙（圖5.27）等。

🐾 圖5.27　左邊容器原來漂浮一大堆油汙，加入吃油細菌，七天後，變成右邊容器之狀態，其中油汙幾乎都已清除。

基因療法

　　科學家可能已經證實用於綿羊、山羊、母牛、老鼠的遺傳工程技術也可以用於人類（圖5.28）。基因療法可將功能正常的基因轉殖入人體細胞內以代替有缺陷的基因，如此可以克服由於基因缺陷所引起的疾病。利用遺傳工程與分子生物學的技術或許可以解決或是降低許多不同的疾病所帶來的痛苦，但是它們同時也帶來了未來所要解決的一連串道德與社會問題。

　　1990年，一名4歲女童首度接受基因療法。她患有腺核苷脫胺酶(ADA)缺乏症，這種疾病是由一個有缺陷基因所引起的免疫方面疾病，有致命的可能性。治療的方式是將其白血球取出體外，加入正常的ADA基因，再植回其體內，結果這名女童康復了（圖5.29）。

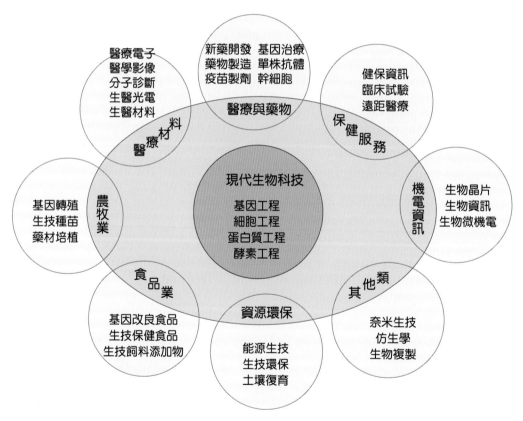

🐾 圖5.28　生物科技的應用層面。

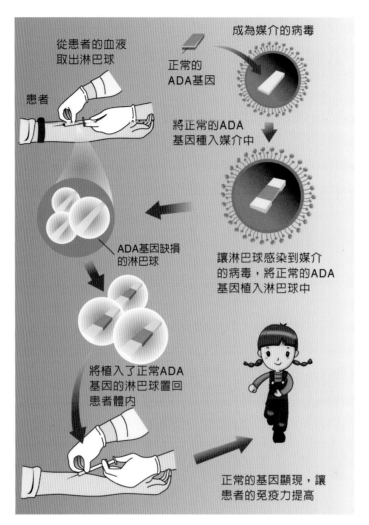

從患者的血液取出淋巴球

患者

正常的ADA基因

成為媒介的病毒

將正常的ADA基因種入媒介中

ADA基因缺損的淋巴球

讓淋巴球感染到媒介的病毒,將正常的ADA基因植入淋巴球中

將植入了正常ADA基因的淋巴球置回患者體內

正常的基因顯現,讓患者的免疫力提高

🐾 圖5.29　ADA缺乏症的基因療法。

　　其他遺傳疾病的基因療法目前還在測試其安全性,而不久之後即可進行人體試驗。除了治療疾病外,這種技術也引起基因設計上的疑慮。上述治療4歲女童的醫師Anderson認為,這種技術應該只用於治療,但是許多其他的專家及一般民眾已經在想將這種技術用於促進人類品質的用途上。遺傳工程、基因篩檢及基因療法是採用操縱DNA的方法而達成其效果。然而有些著名的分子生物學家十分關切其可能被誤用。這些技術基本上不是壞的技術,但是社會將決定其用途是用於好的方面或壞的方面,所以我們在決定的時候要有警覺。

小試身手
EXERCISE

1. 一生物的外顯性狀稱為： (a)表現型 (b)基因型 (c)對偶基因 (d)染色體。

2. 一生物的基因組合稱為： (a)表現型 (b)基因型 (c)對偶基因 (d)染色體。

3. 獨立分配定律是指： (a)配子依固定的方式結合 (b)基因在減數分裂時分離 (c)各對偶基因在配子形成時分離 (d)在染色體中基因彼此連接在一起。

4. 下列哪種遺傳疾病是性聯遺傳？ (a)克氏併發症 (b)唐氏症 (c)血友病 (d)多指症。

5. 異型基因結合色盲的女性嫁給正常的男性，其後代患色盲的機率有多少？ (a)25％ (b)50％ (c)75％ (d)100％。

6. DNA的互補性氮鹼基配對存在於： (a)腺嘌呤與鳥糞嘌呤 (b)腺嘌呤與胸腺嘧啶 (c)胞嘧啶與腺嘌呤 (d)胸腺嘧啶與鳥糞嘌呤。

7. 單股的DNA可作為____，因為它可以指導新的____單股的形成。 (a)氮鹼基對，完全相同 (b)生物股，不同的螺旋體 (c)模板，互補 (d)螺旋體，相同。

8. 核糖體沿著何者來讀取蛋白質合成的指令（遺傳密碼）？ (a)DNA (b)mRNA (c)rRNA (d)tRNA。

9. 若血型為B型的男子與AB型的女子結婚，其所生的子女不可能為： (a)AB (b)O (c)A (d)B。

10. 色盲是一種隱性基因遺傳疾病，此基因存在： (a)X染色體上 (b)Y染色體上 (c)X及Y染色體上 (d)體染色體上。

11. 能夠儲存遺傳訊息，決定生物細胞之構造與功能者為： (a)ATP (b)NADH (c)DNA (d)蛋白質。

12. 構成遺傳物質DNA上重要組成之一的單醣為： (a)葡萄糖 (b)去氧核糖 (c)果糖 (d)核糖。

13. RNA分子不具何種氮鹼基？ (a)A (b)T (c)C (d)G。

14. DNA具雙股螺旋構造，若有一股之含氮鹼基序列為-A-C-G-A，則另一股相對的含氮鹼基序列為： (a)-C-T-A-G (b)-A-C-G-A (c)-A-G-C-A (d)-T-G-C-T。

15. 人類細胞內有23對染色體，其中有幾對是性染色體？ (a)1對 (b)2對 (c)3對 (d)22對。

16. 有關同源染色體之敘述，下列何者為非？　(a)一個來自父方，另一個來自母方　(b)具有相同的基因組合　(c)一定具有相同的基因表現　(d)在減數分裂的第一次分裂中分別移至不同的兩個子細胞中。

17. DNA分子結構中不含下列何種成分？　(a)核糖　(b)磷酸基　(c)去氧核糖　(d)氮檢基。

18. DNA分子是以何種方式排列？　(a)平行摺疊　(b)雙股螺旋　(c)隨意捲曲　(d)單股螺旋。

19. 核糖核酸(RNA)分子中不具有何種氮鹼基？　(a)G　(b)A　(c)T　(d)C。

20. 遺傳密碼乃由：　(a)2個　(b)3個　(c)4個　(d)5個　核苷酸為一組共同決定一個胺基酸。

21. 下列哪種遺傳疾病是性聯遺傳疾病？　(a)克氏併發症　(b)唐氏症　(c)血友病　(d)多指症。

22. 下列何者非性聯遺傳疾病？　(a)血友病　(b)紅綠色盲　(c)鐮刀型貧血　(d)肌肉萎縮症。

23. 唐氏症患者具有47條染色體，是何對色體多一條所引起的？　(a)第19對　(b)第20對　(c)第21對　(d)第23對。

24. 人類血型遺傳是屬於：(a)複對偶基因遺傳　(b)兩對基因遺傳　(c)連鎖基因遺傳　(d)互補基因遺傳。

你答對了嗎？ abcca　bcbba　cbbda　cabcb　ccca

BIOLOGY

CHAPTER
06

生物與環境

　　生物與生物，生物與環境相互依存，除了需面對環境中各種適合生活的條件，如溫度、水分、食物的來源外，還需具備如何避免被其他生物捕食及能適時繁衍後代的能力。這種研究生物與棲息環境之間交互作用的學科稱為**生態學**(ecology)。

　　生物必須依賴環境中的生活資源才能得以持續發展，所有生物都會因為消耗環境資源、製造廢棄物以及與其他生物的交互作用而破壞到它們的生存環境。人類是生活於地球的生物之一，人類與大自然的交互作用更牽涉到動、植物賴以維生的地球環境。本章將介紹族群與群落、生態系、環境問題與自然保育的永續經營。

6-1　族群與群落

　　族群(population)是指一群生活在特定區域中的同種生物，例如非洲草原上的獅子。而特定的區域中，族群和族群間的生物彼此發生交互作用，會產生一個生活上息息相關的群體則稱為**群落**(community)，例如草原上的獅子、斑馬、草、禿鷹等其他生物組合形成草原群落。而同一區域的生物群落和物理環境構成**生態系**(ecosystem)，生態系是一種更高層的組織，其中不同的物種族群可能相互影響。

族群的動態

　　族群是生長在同一個區域的同種生物，因為有共同的需要，或受環境的限制而群聚在一起。藉由族群的出生率、死亡率、成長率、負載能力、調節族群大小的因素、生物間的交互作用等特徵，可以讓我們初步的了解該族群的動態，將分述如下。

出生率、死亡率、成長率

　　藉由出生率、死亡率和成長率可以讓我們了解族群的增減，以便做出概略的預測。所謂**出生率**是指在某一時間內，族群出生數量占全體數量的比例；**死亡率**即是指某一時間內，族群死亡數量占全體數量的比例。

　　如果我們想進一步預測長時間以來族群大小的變化，假設該族群沒有外移、遷入的現象，如果族群出生率高於死亡率，則族群會增加，成長率成正值，反之，如果出生率低於死亡率，則族群會減少，成長率成負值（表6.1）。

負載能力

　　族群的成長可以分為兩種基本型態，以曲線圖表示，一種是**指數成長曲線**，又稱為**J-型曲線**；另一種是**對數成長曲線**，又稱為**S-型曲線**。當族群中新個體增加的速率隨著時間快速成長時，族群的大小就會隨時間而暴增，呈現指數成長曲線。但是現實生活環境中，因為資源有限，而族群也需面對很多問題，如食物來源、生長環境空間、競爭等問題，最後成長會趨於減緩，也就是隨著時間，族群的大小會趨於某一特定的數量，此時族群成長呈現對數成長曲線。自然環境僅能使有限的生物維持生存，族群是無法以指數成長方式無限制的成長。換言之，這代表每一個環境都有一定限度，能維持物種的個數，這個限度稱為環境對該族群的**負載能力**，亦即代表族群能在某一特定環境中生存的最高數量，以**K值**表示（圖6.1）。

🐾 **表6.1　計算公式**

名稱	公式
出生率	$b = n_1/N$
死亡率	$d = n_2/N$
成長率	$r = b - d$
族群密度	$D = N/A$ 或 $D = N/V$

b：出生率。n_1：出生數量。N：族群數量。
d：死亡率。n_2：死亡數量。r：成長率。
D：族群密度。A：總面積。V：總體積。

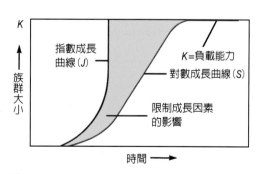

🐾 **圖6.1　指數成長曲線（J-型曲線）與對數成長曲線（S-型曲線）。**

在現實環境中，有哪些因素決定環境對族群的負載能力K值呢？又有哪些因素改變出生率和死亡率，使族群成長減緩呢？除了生態限制因素，如不足的陽光、養分的缺乏，會限制植物的成長和繁殖，過多或過少的水、熱、濕度都可能影響植物和動物的生長，此外還有生物間交互作用的影響。這些因素決定環境對族群的負載能力，所以，環境對族群的負載能力也經常在變。

調節族群大小的因素

生態學家將調節族群大小的因素分為：種內和種間因素的**密度制約**(density-dependent)和外界環境因素的**非密度制約**(density-independent)。

1. **密度制約**：族群密度是指單位面積或體積內，該族群所含的個體數量（表6.1），如每平方公尺的草原上所含獅子的數量，或每立方公尺的魚池中含有的虱目魚數量。假設在一2,400平方公尺的草原上有12隻獅子，那麼這個草原上獅子的族群密度是0.005隻／平方公尺，計算過程如下：

$$D = N/A = 12/2,400 = 0.005（隻／平方公尺）$$

族群密度會影響負載能力，族群密度越大，對日後族群的成長影響越大。而族群密度的大小受生物間作用（捕食、競爭、共生、寄生、同類相殘等現象）的影響。

2. **非密度制約**：非密度制約是指環境條件對族群的影響，如乾旱、水災、熱浪、寒流，突然而劇烈造成生物傷亡，或自然界不可預測的變化，會週期性的毀滅大量的生物。這種環境條件的影響，會使族群大部分毀滅。例如，氣溫突來的驟降，使農作物族群凍傷，養殖魚族群死亡；突來的森林大火，燒毀了大部分的森林植物，造成植物族群的毀壞或銳減。

自然界的族群目前大多數仍是以密度制約的方式來進行族群大小的調節。

生物間的交互作用

沒有族群是可以獨立生存的，不同物種間的交互作用，有的會使族群變大，有的則會使族群變小。在任一時間內，可能不只有一種因素在影響族群動態，以下將介紹四種族群間產生的交互作用（表6.2）：

🐾 表6.2　族群間交互作用的利害關係

族群間的交互作用	族群A	族群B
捕　食	有　益	有　害
競　爭	有　害	有　害
寄　生	有　益	有　害
片利共生	有　益	無益無害
互利共生	有　益	有　益

一、捕 食

　　捕食(predation)是指某些生物會殺死或食用其他生物，捕食者可以藉由捕食其他生物而獲得養分和能量，捕食者又稱為被捕食者的**天敵**，如蛇捕食青蛙，蛇是青蛙的天敵。在動物方面大致可以分為三種：**草食動物**（如牛、羊）、**肉食動物**（如獅子、老虎）、**雜食動物**（如豬、熊）。捕食者大部分是動物，也有少部分是植物，如捕食昆蟲的食蟲植物－豬籠草、茅氈苔、捕蠅草等（請參閱第三章食蟲植物）。捕食者因為可以獲得適當的食物而使其族群變大，而被捕食的族群則會變小。

二、競 爭

　　競爭(competition)是指生活在同一區域的同種或異種生物為了爭取有限的共同資源，如陽光、食物、水、空間、配偶或其他生存需求時，所發生的現象。競爭可能是種內的競爭，也可能是種間競爭，競爭的結果往往勝者生存，劣者被淘汰。競爭會使利用共用資源的族群比單獨生活時為小，所以競爭是密度制約調節族群的重要因素之一，也是進化的一個重要過程。

三、寄 生

　　寄生(parasitism)是指某些生物（寄生物）能寄居在其他生物（寄主）的體內或體表，掠取寄主的養分與能量。寄生是一種一方受益，但一方受害的生物關係，寄生物通常具備某些高度特化的生理或構造，以便從寄主身上吸取養分，寄主通常不會馬上死亡，而是被寄生物利用一段時間，直至養分消耗殆盡為止。寄生可以分為：寄生於動物和寄生於植物兩種。

1. **寄生於動物**：如寄生於動物體表的蝨、蚤和寄生於動物體內的條蟲、蛔蟲。中藥冬蟲夏草是一種真菌，其寄生在鱗翅目或鞘翅目的蟲蛹內，冬天時，蟲潛藏於土中，真菌孢子藉此入侵蟲體，並逐漸發育，直至夏日時，蟲體已充滿菌絲，並從蟲頭中長出，外觀看起來便像蟲子頭上長出了枯草一樣。

2. **寄生於植物**：如在海邊沙地上經常可以看見的菟絲子和無根草，它們是蔓藤類植物，纏繞在其他植物體上面，利用莖上突起的吸器深入寄主植物的輸送管道裡，去吸取養分。寄生物因為可以獲得寄主的養分而使其族群變大，而寄主的族群則會變小。

四、共 生

共生(symbiosis)是指兩種或多種生物間彼此有緊密的聯繫關係，亦即兩種或多種生物共同生活在一起的現象。共生可以分為片利共生和互利共生。

1. **片利共生(commensalism)**：是指生活方式只從別種生物獲利，而無害於他方的共生形式，亦即只有利於一方，無害於另一方，如某些熱帶性的蘭花，能著生於大樹上，利用大樹藉以取得較好的地利，以便取得較佳的光線來源及較好的生活條件。而蘭花本身能行光合作用，製造養分並不會吸取大樹的養分（圖6.2）。

2. **互利共生(mutualism)**：是指兩種物種互相幫助，兩方皆從中得利。如根瘤菌和豆科植物，根瘤菌可以固定空中的氮氣，使其產生氨，供給豆科植物利用，而豆科植物則可以透過汁液提供根瘤菌獲得所需的醣類或養分。又如寄居蟹與海葵，海葵可以附在寄居蟹外殼上，除了達成偽裝的保護機制外，還可以藉由寄居蟹的移動，使海葵獲得更充分的氧與食物，而海葵的刺細胞可以擊退敵人，間接保護了寄居蟹，互相獲得利益。

🐾 圖6.2 蘭花與黑板樹的片利共生。

6-2 生態系

　　生態系(ecosystem)是生物和周圍環境彼此發生交互作用所組成，指在一定的空間內，其**生物成員**(biotic components)與**非生物成員**(abiotic components)透過物質的循環、能量的流動等交互作用，互相依存而構成的一個動態的生活系統。

　　生物成員包含**自營生物**和**異營生物**。自營生物是指**生產者**(producers)植物，異營生物是指**消費者**(consumers)和**分解者**(decomposers)。消費者包含草食動物(herbivore)、肉食動物(carnivore)、雜食動物(omnivore)、腐食動物(scavengers)，分解者諸如細菌、微生物等。非生物成員則由所有生物賴以生存的陽光、空氣、水、土壤、溫度所組成（表6.3）。

自營生物－生產者

　　自營生物以綠色植物為主，又稱為**生產者**，它們能利用環境中的二氧化碳和水，在太陽光能和化學的作用下合成碳水化合物，將無機物轉換成有機物，合成生物所需要的養分，因此它們是複雜生物系統中最基礎的生產者。

　　除綠色植物外，某些微生物也能分別利用化學能和太陽能合成有機物，如氮化細菌能將氨氧化成亞硝酸和硝酸，並在氧化過程中利用產生的能量將二氧化碳和水合成為碳水化合物。

　　生產者在生態系統中的作用主要是生產各種有機物，一方面供自身生長發育所需，一方面為其他生物提供食物來源。

🐾 表6.3　生態系的組成

生態系	生物成員	生產者	植物
		消費者	草食動物、肉食動物、雜食動物、腐食動物
		分解者	細菌、微生物
	非生物成員	陽光、空氣、水、土壤、溫度	

異營生物－消費者

消費者依取食對象不同而分為：草食動物（初級消費者）、肉食動物（二級消費者、三級消費者、四級消費者…）、雜食動物、腐食動物。以生產者為食的動物是草食動物（初級消費者），以草食動物為食者是肉食動物，其中，食用草食動物的肉食動物稱為二級消費者，而食用二級消費者的肉食動物稱為三級消費者，而食用三級消費者的肉食動物稱為四級消費者，以此類推。如蚱蜢以草（生產者）為食是草食動物，也稱為初級消費者；鳥吃蚱蜢，是肉食動物，也稱為二級消費者；蛇吃鳥，是三級消費者；鷹捕食蛇，是四級消費者。

雜食動物是指動、植物兩者都吃的動物，如人類和靈長類。腐食動物，如蛆，禿鷹以腐屍為食，又有一些動物大部分以腐屑為食，如蚯蚓和居住於土壤中的某些昆蟲是食用混合土粒的腐屑，而蠕蟲在吞食大量土壤後，能在腸內消化這些腐屑。

異營生物－分解者

自然界中的真菌和細菌等微生物，和某些小型動物能利用分解死亡動植物組織內的分子來獲取能量，這些生物又稱為**分解者**。分解者對所有生態系相當重要，因為它們能將動植物殘體中的有機物變成可溶狀態，然後加以吸收，讓動植物經過這一消化過程後，有機物被分解成無機養分，返回到環境之中。分解者在能量與物質的循環上，扮演重要、不可或缺的角色。沒有這些分解者，動植物的屍體將會堆積如山，使整個生態系遭受破壞（圖6.3）。分解者數量之多十分驚人，據估算，農田中的細菌重量，平均每公頃有500公斤以上，至於細菌的總個數更是一個天文數字！

🐾 圖6.3 動物屍體的物質由分解者分解循環。

能量與物質的流動

在生態系統中，透過食物的攝取，能量便從生產者傳到消費者，再傳到分解者。這種能量流動稱為**食物鏈**(food chain)。食物鏈是一系列連繫的營養層次，能量從較低層次轉移到較高層次，這種層次關係稱為**營養層級**(trophic level)。

食物鏈與食物網

我們將生態系中，所有取食的關係連接在一起，如一級消費者吃生產者，二級消費者吃初級消費者，分解者分解死亡動植物，則我們可以找出族群間的取食關係，形成一簡單的食物鏈，例如蚱蜢、鳥、蛇、鷹的關係（圖6.4）。

但是，自然界中大部分生態系的所有動植物，取食關係更複雜。通常很多食物鏈間都有互相關聯與影響，這些複雜的關係將食物鏈和食物鏈間編織成更大型的食物網（圖6.5）。而食物網與鄰近地區的食物網還會互相影響，交織出更複雜的食物網絡。

生物間藉由這複雜的食物網絡關係，使生態系中的能量和物質不斷的轉換流動。如植物進行光合作用後產生了養分與能量，當蚱蜢食用草後，草的部分能量

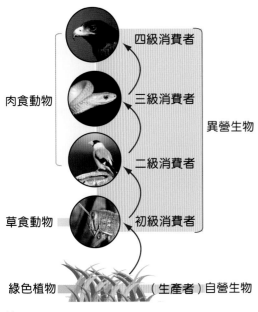

🐾 圖6.4 食物鏈。

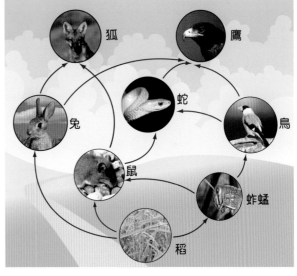

🐾 圖6.5 食物網。

流失到環境中，部分養分與能量便轉移至蚱蜢的身上，當鳥食用蚱蜢後，蚱蜢的部分能量流失到環境中，部分養分與能量便又轉移至鳥身上，當鳥死亡後，又遭分解者分解，養分與能量便又回至大自然（圖6.6）。

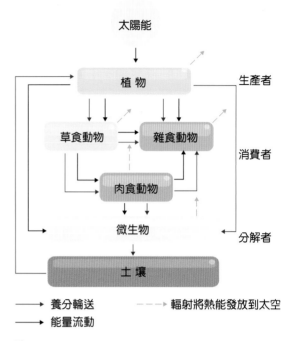

🐾 圖6.6　食物鏈的能量流動。

能量流動是生態系運作的根本。首先，生產者利用陽光，使能量得以穩定、儲存，再藉由其他動物傳送使能量能在食物鏈和食物網中流動。當能量流動時，一方面儲存，一方面也維持動物生命的運作。

營養層級

食物鏈中，生產者或消費者所獲得之能量，只是暫時存放在此一生物上，當此一生物被某生物捕食時，能量將轉移至另一生物上，而這種將能量暫時儲存的現象就稱為**營養層級**。以食物鏈而言，生產者稱為第一營養層級，草食動物稱為第二營養層級，以草食動物為食的肉食動物稱為第三營養層級，而其他以肉食動物為食的高等肉食動物則稱為第四營養層級（圖6.7）。

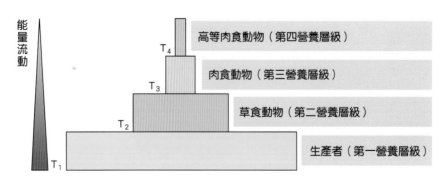

🐾 圖6.7　營養層級關係。

當生物A捕食生物B時，低營養層級的能量只有一小部分會儲存到高營養層級裡面，而一部分的能量會因尋找獵物和補食獵物時而消耗。食物的消化亦是如此，很少動物能完全吸收飲食中所有的能量，也會流失一部分的熱量到自然界中。

據估計，流失到自然界中的能量極大。其中常被引用的估計算法，是百分之十原則(rule of 10)。所謂的**百分之十原則**是指生物能量每經一次轉換時，約有百分之十被保留儲存，其他的百分之九十是流失到自然界中。例如草食動物吃草時，平均只有約10%的植物能量能被草食動物保留儲存。當草食動物被第三營養層級的肉食動物捕食時，也只有約10%的能量能被肉食動物保留儲存。當肉食動物再被第四營養層級的高等肉食動物捕食時，也只有約10%的能量能成功的轉移到第四營養層級的高等肉食動物身上。

例如一個人如果想增加1公斤的重量，只吃牛肉的話，必須吃下10公斤的牛肉，而生產10公斤的牛肉，就必須消耗10倍，即100公斤的草料（植物），所以若我們直接食用植物（如穀物）的話，據百分之十原則，只要吃10公斤的植物即可。這也就是有人推動多吃蔬菜，少吃肉的原因。

百分之十原則只是一個概算值，也有研究指出，事實上食物網能量的轉移變化很大，從最低的0.05~20%都可能存在。

生態金字塔

假如以第一營養層級為基底，向上營養層級越高，那麼因為在越高營養層級的生物所能獲得的能量越少，所以能維持的生物量就會越少，用圖形表示就會形成一個金字塔的形狀，即所謂的**生態金字塔**(ecological pyramids)。

生態金字塔有各種型式，其中最普遍的是數字金字塔（圖6.8）。從數字金字塔中，可以看出體型較大的生物數量，明顯少於體型較小的生物數量；較高營養階層中所含的生物數量，明顯少於較低營養階層所含的生物數量。這是因為能量在轉移時，較低營養階層的生物僅有一部分轉移至較高階層的生物身上，換言之，這些能量能養活的較高營養階層的生物也較少。

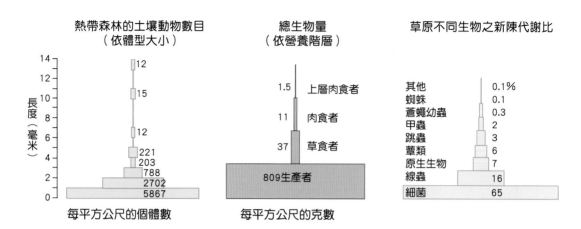

圖6.8　生態金字塔之數字金字塔。

　　這就是為什麼，陸上最大型的動物－象以草為食，海上最大型的動物－藍鯨以浮游生物為食。因為如此大型的動物勢必須要巨量的食物來維持牠們的生命，如果牠們以營養階層較高的肉食動物為生，那麼，將必須要有巨量的生產者才能維持這些肉食動物的生存。所以，大象和藍鯨是靠著接近生態金字塔底部的生物為食，這也就是為什麼依靠較高營養階層生物為生的高等肉食動物數量較有限的原因。目前，自然界有很多稀有或瀕臨絕種的生物，大多都是屬於較高營養階層的生物。

　　但是當較高營養階層的生物明顯比較低營養階層的生物小很多時，數字金字塔就會成為上寬下窄的顛倒狀態，如數千隻的昆蟲以一棵樹為食，此時因為昆蟲比樹小很多，所以較高營養階層的昆蟲數量將比樹的數量多很多，而形成倒金字塔。

物質的循環

　　生物從食物中獲取了能量，也獲得了建造身體組織的養分。能量主要來自太陽，經生態系，由一個營養層級傳遞給下一個層級，部分能量會散失在環境中。而生物獲得養分中的化學元素卻沒有再製造，也沒有用光，而是存在於所謂養分循環的封閉圈中，由一生物傳遞至另一生物，生物死亡後，這些化學元素回歸於自然，透過地球地質、大氣等通道再重新予生物所吸收使用，形成一循環。所以暫時留在動物體內的碳原子，可能曾經是高山上的岩石、太平洋底的岩層或是已經絕種的恐龍身體的一部分。

在生態系統中，存在著許多元素的循環，以下介紹與人類生存最相關的水循環、碳循環與氮循環。這些循環與大氣圈緊密聯繫，每一個循環內都有能量、養分和水的流動與轉移，將分述如下：

一、水循環

水循環是我們最熟悉可見的循環，水經蒸發後移至大氣中，再經由凝結、沉降（下雨）返回地面，回流到大海。某些生物會影響降雨型態，例如熱帶雨林中的樹，會從葉片中蒸發大量的水氣於大氣中，這些大量的水氣往往會形成當地的暴風雨，讓林區重新得到充分的水。所以大區域的破壞雨林會干擾水循環，使當地氣候受到長期性的改變。

二、碳循環

碳是很多物質的基本元素，能和氫氧結合形成有機分子，也可說是生命的根本。生物中約有50%的碳元素，碳酸岩中也含有大量的碳，而大氣中的二氧化碳更是大氣中調節地球溫度的要角。

碳循環是指碳元素在地球上的生物圈、地圈、水圈及大氣中相互交換的循環過程。碳循環可分為：生物性的碳循環、生物地質化學性的碳循環和人類強烈活動的碳循環（圖6.9）。

A. 生物性的碳循環

大氣中的二氧化碳是主要能夠為生物所利用的碳，植物利用光合作用將空氣中的二氧化碳轉換成養分－碳水化合物（有機物），再由食物鏈傳遞進入動物體內，所以原本在植物體內的碳部分轉移到動物身上，而動、植物體內的碳可以再藉由呼吸作用及分解者之分解，轉換成二氧化碳，回歸於大氣，形成碳的循環。

B. 生物地質化學性的碳循環

海洋中有些單細胞生物會將海水中的二氧化碳分解，並利用分解出來的碳製造自己的殼，使海水中的碳可以轉移儲存於這些生物中，此時海水中的二氧化碳減少，讓大氣中有更多的氣體進入海中取而代之。當這些生物死亡以後，這些破碎的殼會慢慢的堆積成海底的沉積石灰岩，當遇到地質活動時，這些碳就會再度被釋放到海水或空氣中，形成一循環。

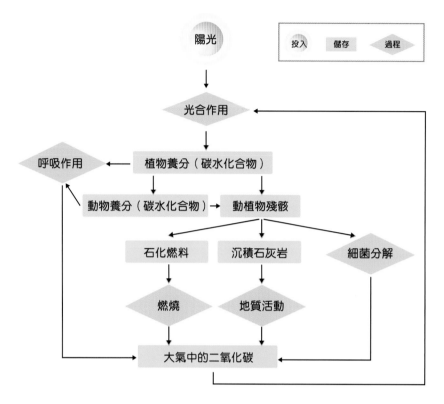

🐾 圖6.9　碳循環。

C.人類強烈活動的碳循環

　　生物的屍體埋在地底下或水底地層下，經過數萬年的壓力及地下的高溫，就會生成含有大量碳的石化燃料。而這些石化燃料在經過人類開發利用，當成燃料燃燒後，便又會釋放大量的二氧化碳返回大氣中。

　　近年來，因為人口的成長與工業化使得碳的循環有巨大改變，人類的活動取出了大量耗時數百萬年才形成的石化燃料－煤和石油，並產生、排放了含碳廢物，這些碳消耗與排放的速率是自然界碳循環的好幾倍，使碳循環的平衡受到破壞。此外，森林的砍伐，也造成二氧化碳固定量明顯增加，對碳循環產生了巨大的影響。

三、氮循環

A. 硝化作用與氨化作用

　　植物能吸收簡單的含氮元素：氨(ammonia, NH_3)、銨鹽(ammonium, NH_4^+)或硝酸鹽(nitrate, NO_3^-)，並利用來自光合作用的能量，將氮、氫、碳和其他元素組合，形成蛋白質和胺基酸等複雜分子。

　　動物吃下植物或其他的動物時，會消化蛋白質，並將其分解成含氮之胺基酸。這些胺基酸一部分能組合成動物的蛋白質，一部分則被分解用以產生能量，並產生含氮的廢物—氨。一般陸上動物通常會將氨轉變成尿素，並將之濃縮在尿液中排出，而多數水中的動物則直接將氨排入水中。

　　細菌會分解含氮廢物（氨），所以含氮廢物在環境中不會持續很久。如硝酸菌會將氨和水形成的銨鹽(NH_4^+)轉化為亞硝酸鹽(NO_2^-)；而後亞硝酸菌再將亞硝酸鹽轉變成硝酸鹽(NO_3^-)，這種將銨鹽轉化為硝酸鹽的過程稱為**硝化作用**(Nitriacation)。

　　動植物死亡後，分解者會分解動植物屍體，釋出簡單的各種元素，使原本存在死亡動植物體內的氮，能被分解而釋出，讓生產者再次的利用。因為細菌和真菌在進行分解時，經常會釋出含氮的氨，所以這種將含氮化合物分解而釋出氨的過程稱為**氨化作用**(ammonification)。

　　很多陸上植物都能有效地吸收硝酸鹽，所以當硝酸鹽、亞硝酸鹽和氨經由硝化作用和氨化作用被釋出時，能很快地被初級生產者再吸收，這也就是為什麼多數的肥料都含有氮。

B. 固氮作用與脫氮作用

　　大氣中雖然含有大量的氮氣，但是氮氣不能直接被大多數的生物分解，只有少數的細菌能直接分解大氣中的氮並將其併入組織中，這種將大氣中的氮氣直接轉換成氨的過程就是**固氮作用**。如固氮細菌(nitrogen-fixing bacteria)，它們生長在豆科植物的根部，能直接將氮氣轉換成氨，提供植物利用（參閱第三章）。海中最重要的固氮者是藍綠藻(blue-green algae)。

　　另一類去硝化細菌(denitrifying bacteria)，它們執行反轉運作；將有機氮轉變成原來之氮氣，並將之釋放到大氣中，稱為**脫氮作用**。氮肥料能促成土壤去硝化細菌的成長，使大量的氮能從土壤回到大氣中（圖6.10）。

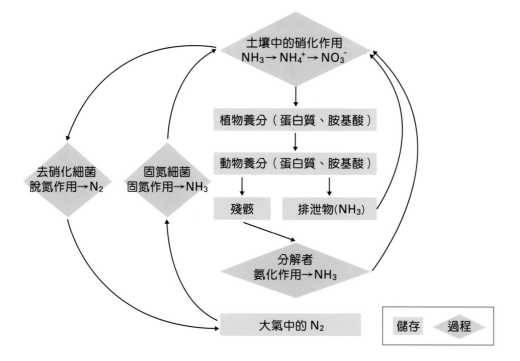

🐾 圖6.10　氮循環。

生態系統

　　生態系統的範圍有大有小，常見的生態系統包含**陸域生態系**和**水域生態系**。其中陸域生態系包含沙漠生態系、草原生態系、森林生態系、凍原生態系；水域生態系包含淡水生態系、河口生態系、海洋生態系（表6.4）。將分述於下。

🐾 表6.4　生態系統

生態系統	陸域生態系	沙漠生態系	
		草原生態系	
		森林生態系	熱帶雨林
			溫帶落葉林
			寒帶針葉林
		凍原生態系	
	水域生態系	淡水生態系	湖泊
			池塘
			河流
			酸沼澤
		河口生態系	
		海洋生態系	

陸域生態系

在陸地上，氣候、地形決定了生產者角色的植物型態，在不同的地域中，則產生不同型態的生態系。約可分為沙漠生態系、草原生態系、森林生態系、凍原生態系。

一、沙漠生態系

沙漠生態系在靠近赤道的區域，因為白天地面很熱，晚上相對的冷，雨量非常稀少，植物為了適應這種特殊的環境，發展出一些特殊的適應方式。如沙漠中的植物仙人掌為了減少水分的散失，葉退化成針狀，為了下雨時根可以快速的吸收大量的水分，所以根短而分布廣，莖則因為吸收大量的水分而膨脹呈現肉質，能儲存大量的水分。沙漠中最有名的動物就是駱駝了，牠的眼皮有三層，外面的兩層有卷曲的睫毛，可以防止風沙吹入眼中，鼻孔只是一道縫，遇到風暴時可以閉合，駝峰裡儲存大量的脂肪，在食物缺乏時，可以提供能量，寬闊的足墊，走路不會陷入沙中。冬天時，食物中所含的水分較多，可以整個冬天不喝水；夏天時，喝足了水後可以連續2~5天不喝水。

二、草原生態系

　　大多數的草原位於大陸的內陸，因為由海面向內陸吹送的水氣較難抵達這裡，所以這裡的雨量較稀少，有明顯的乾濕季之分，這種雨量無法形成森林，但也不致於形成沙漠，而成了過渡地帶的草原。草原主要的生產者是草，特色是寬闊平坦、視野寬廣、適於奔馳（圖6.11），為了度過旱季，大部分的草都枯萎，以休眠狀態的種子或根來度過乾燥季節，等雨季來臨時，才開始生長。在此居住的動物因為草原寬闊，所以發展出良好的視覺、靈敏的嗅覺、聽覺以及靈活的肢體，以便在草原上追逐或逃避敵人。

三、森林生態系

　　陸地上，以森林的分布面積最廣，由於氣候、地形的不同，構成森林的樹木種類也不同，所以森林生態系又可分為**寒帶針葉林**、**溫帶落葉林**以及**熱帶雨林**等。

　　針葉林主要分布在亞洲、歐洲和北美洲等高緯度的寒帶（圖6.12）。此區的植物主要以裸子植物等針狀葉的針葉樹為主，例如松、杉等。針葉樹的葉不常脫落，能終年常綠行光合作用，是世界木材的主要來源。

　　落葉林帶主要分布在北美、西歐和東亞等溫帶地區（圖6.13）。因為氣候四季分明，氣溫變化顯著，在秋、冬季時，氣溫漸降，大部分的樹木葉子會變紅或

🐾 圖6.11　草原。

🐾 圖6.12　寒帶針葉林。

🐾 圖6.13 溫帶落葉林。

🐾 圖6.14 熱帶雨林。

變黃，大量的脫落到地面上，所以稱為**落葉樹**。本區以大型高大的植物為主，如楓樹、槭樹和橡樹等都是本區的代表性植物。因為植物（生產者）的種類繁多，因此動物的種類（消費者）也相當多。

　　熱帶雨林主要分布在赤道附近的南美洲和東南亞（圖6.14）。因為氣候穩定，一年中溫度起伏不大，雨量豐富，無乾雨季。生長在本區的植物因為日照、雨量充足，植物種類多且繁茂，森林的層次相當的複雜。

四、凍原生態系

　　凍原生態系近南、北兩極區，終年寒凍，幾乎整年覆蓋著冰雪，即使最溫暖的月份平均溫度也只有10℃。只有靠冰融解後些許的泥濘、潮濕地供植物生長，組成植物多為地衣、苔蘚類、草或匍匐性灌木（圖6.15）。

🐾 圖6.15 凍原。

淡水生態系

淡水生態系一般有湖泊、池塘及河流。湖泊和池塘中，生產者主要是植物性的浮游生物，消費者以魚類為主。其中，養分低、浮游植物少的清澈湖泊稱為**貧營養湖**(oligotrophic)；有豐富浮游植物和適合植物生長的高養分湖泊稱為**富營養湖**(eutrophic)。河川由高山源頭到下游出海口，可大致分為上游森林區及下游農墾區或都會區。上游森林區的河川生產者主要來自枯枝、落葉，消費者以水棲昆蟲及其他以水棲昆蟲為食的動物為主。河川下游通常經過農墾區及都會區，因為河水可能被汙染而缺氧，所以不利水生生物之生存。

此外，還有**酸沼澤**(bogs)是狹小且停滯不動的水域，苔蘚植物生長茂密，使它們所生存的沼澤水域酸化，很少水生動物能忍受這種酸性，這也使得植物無法從中攝取養分。因此，生長於沼澤的植物發展出特別的方法來獲取養分，如食蟲植物設下陷阱來捕捉昆蟲。

河口生態系

河口生態系是由河川和海洋的交會處所構成。河口水域通常富含營養鹽，這些養分在淺水河口加上充足的陽光，促使植物快速、茂密的成長，很多魚類和貝類都利用河口來產卵，或捕食在此產卵的其他魚貝類，因此物種組成相當地複雜，商業價值很高的蝦類、龍蝦、蟹類、魚類也都匯集於此，所以**河口**是最具生產力的水生生態系之一。目前一些大都市都在此區不斷興起，汙染了很多河口，由於河口是很多水生生物產卵、成長的重要區域，因此必須給予維護，以確保近海漁業的延續。

海洋生態系

海洋大約占地球總面積的70%，既大且深，它是地球最大、生物種類最多的生態系。依據水深的不同，生長在其中的生物也有很大的不同。

200公尺以上的區域為淺海區，因為陽光可以照射到此區，所以大型藻類以及浮游植物能在此區進行光合作用。這裡有小型的浮游動物，及以這些浮游動物為食的甲殼類、節肢動物。

超過海平面200公尺以下，陽光已無法射入，隨著深度增加，溫度越低、壓力越大，超過1,000公尺深的海底，由於沒有陽光，沒有生產者，食物來源缺乏，除了靠上層生物的屍體、碎屑沉降到此外，這裡的生物弱肉強食，為了適應這種生存環境，所以生物發展出了各種獨特適應環境的方式。許多深海動物本身可以發光，如鮟鱇魚有一隻由前背鰭演化而成的發光釣竿，釣竿頂端上有發光菌，會發出亮光，看起來像小魚，能引誘其他的魚類，口內有銳利的牙齒，能迅速確實的捉住獵物，甚至能吃下比自己大的魚類。

延·伸·閱·讀

養分限制

所有的養分都必須經過複雜的生物地質化學循環。原子被一起綁在單一有機化合物中時，它們就必須流經生態系。例如，蛋白質分子包含碳、氮、磷、硫、鐵、鎂以及其他的元素，這些元素會隨著蛋白質分子流經生態系。對某一生態系而言，為了發揮其功能，每一種循環都依自己的速度進行，而一個個的循環組合就像一套複雜且相互連接的齒輪（圖6.16）。

限制因子法則(the law of limiting factors)就是指環境因子中，無論是生物或無生物因子，凡是能阻止生物生長及散布的，就稱為限制因子。譬如，在沙漠中，多數植物和動物的成長，受制於水，限制因子就是水。海洋在透光區以下的限制因素是光線，所以限制因子就是光線。

所以如果整個生態系的生產力因為某單一養分的供應短缺而減弱，這種現象稱為養分限制(nutrient limitation)。

🐾 圖6.16 這張連接養分循環的略圖，是用隱喻的方式展示，整個生態系中，每一種養分的移動皆須依賴其他養分的協助。即使次要養分的量有限，也會減緩整個集合體。

生態的平衡

當生態系統能量、物質的輸入與輸出在長時間趨於穩定時，各組成成分會彼此保持一定的比例關係，即使受到外來干擾時，也能經過自我調節而恢復到原來的穩定狀態，這種狀態稱為生態平衡。

由於近代人口大增，科技不斷進步，人類對自然界干預影響的程度和範圍越來越大，生態系統正不斷地被人類干擾和破壞，使得生態平衡逐漸趨於不穩定的狀態，如果我們再不設法減輕對環境的干擾與破壞，維護自然環境的平衡，終將會漸漸的影響人類自身的生存。

6-3　環境問題與自然保育的永續經營

地球上的生態平衡是經過數億年演化而成的，自從人類的出現，我們改變了地球，原來的森林、草原已成為耕地和都市。農業、科技、醫學的進步，使人類活得越來越久，人口數越來越多。人口增加將使物質需求增加，資源過度使用的結果將使資源耗竭，並產生各種的汙染，使得生態平衡受到威脅。

人口問題

人類於十萬年前腦容量大增，在生存競爭中脫穎而出，一萬年前更由狩獵時代進入農業社會，糧食大增，人口日趨穩定，二百多年前的工業革命更使生產力增加，醫學發達不僅救活了許多人，也使人的平均壽命延長了。

世界的人口從西元500年時的2億，西元1000年時的4億，西元1900年時增至15億，西元1985年時已突破50億，飆升至目前2018年已有75億（圖6.17）。目前人口數最多的前三個國家依次是：中國約有14億人口，印度約有13.6億人口，美國約有3.2億人口。根據聯合國對世界人口成長的估計，到西元2050年將達93億人，而到二十一世紀末將跨越100億人口大關。

　　人口眾多，科技發達，資源的消耗就更快速，而消耗資源所帶來的廢棄物也會隨之增加。人類若不將人口數有效地控制，則有一天糧食將成嚴重問題，其他環境問題也勢必衍生，環境品質只有日趨惡化，人類終將面臨大地反撲的命運。

環境問題

　　人類大部分的活動都影響到了空氣、水、土壤以及全球的氣候，甚至威脅到數百萬與我們分享地球資源的物種的生存。目前的環境問題大致上有：生態環境破壞、空氣汙染、水汙染、固體廢棄物汙染等（表6.5），將分述於下。

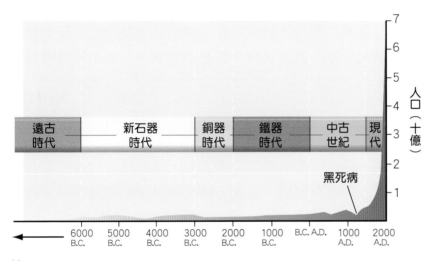

🐾 圖6.17　世界的人口成長圖。

🐾 表6.5　環境問題

環境問題	生態環境破壞	水土流失、沙漠化、地下水枯竭、地面下沉、湖泊加速優養化、珍稀物種滅絕、地貌景觀破壞	
	空氣汙染	微粒懸浮物、硫的氧化物 (SO_x)、氮氧化物 (NO_x)、氟氯碳化物 (CFC)、一氧化碳 (CO)、二氧化碳 (CO_2)	
	水汙染	殺蟲劑(DDT)、多氯聯苯(PCB)、農藥、化學肥料	
		重金屬	砷(As)（烏腳病）、鎘(Cd)（痛痛病）、鉛(Pb)（鉛中毒）、汞(Hg)（水俁症）
		熱水汙染	
	固體廢棄物汙染		

生態環境破壞

　　由於人類的活動引起生態環境的破壞，例如水土流失、沙漠化、地下水枯竭、地面下沉、湖泊加速優養化、珍稀物種滅絕、地貌景觀破壞等。環境一旦被破壞，要恢復就需要相當久的時間，例如森林生態系統的恢復需要上百年的時間，土壤的恢復則需要上千年的時間，而物種的滅絕則是根本不能恢復的。

空氣汙染

　　大氣是一個動態的氣體混合物，與植物、動物、土壤微生物和海洋交互作用。人類自從工業革命後，逐漸以很快的速度，在改變整個大氣。空氣汙染物有很多，如微粒懸浮物、硫的氧化物、氮氧化物、氟氯碳化物、一氧化碳、二氧化碳等，將分述於下：

一、微粒懸浮物

　　微粒懸浮物是空中塵埃、煙、引擎所排放的廢氣等。微粒懸浮物有些含有一些重金屬，如鐵、鉛、銅等，可能會致癌，造成心肺疾病等，有些懸浮粒子會覆蓋植物的葉片，阻礙植物吸收陽光，因此降低光合作用的效率。

二、硫的氧化物(SO_x)

　　硫的氧化物常來自火力發電廠，這些物質溶解於霧氣或雨滴中，就形成了含硫酸的酸雨。硫酸雨會傷害植物的葉，妨礙植物根部對營養的吸收，也會溶解大理石、腐蝕雕像和金屬。硫的氧化物會使人引起呼吸道問題，刺激眼、鼻和肺，引發咳嗽、氣喘等。

三、氮氧化物(NO_x)

　　氮氧化物常來自引擎、工廠廢氣，氮氧化物溶解於空氣的水氣中，會形成硝酸雨。二氧化氮除了會引起肺發炎、植物枯萎外，更會與碳氫化合物產生光化學煙霧，光化學煙霧容易和其他物質起化學反應。

　　酸雨落在水中會使水質酸化而影響水中生物生存。因此，酸雨是森林、湖泊的殺手，在中歐，已有數十萬公頃森林毀於酸雨。在加拿大，由於酸雨和其他汙染，已有數千個湖泊形同死湖。

四、氟氯碳化物(CFC)

地球上層的大氣是被臭氧層所包圍，臭氧是氧分子經過太陽光中的紫外線照射分裂後所產生的，臭氧能吸收紫外線，阻止一些有害的輻射線到達地球表面。人類排放於大氣中的氟氯碳化物(CFC)，進入大氣後會釋放出氯原子，並催化臭氧使臭氧分解而減少，進而令臭氧層變薄，甚至產生破洞。氟氯碳化物被廣泛使用於冰箱、冷氣機中的冷媒以及噴霧劑、發泡劑等。

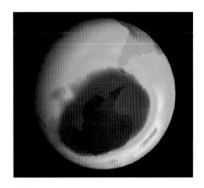

🐾 圖6.18 臭氧層空洞。

地球各地的臭氧層密度不大相同，在赤道附近最厚，兩極較薄。近來的研究發現，臭氧層正以驚人的速度被破壞，其中北半球的臭氧層厚度每年約減少4%，現在大約有4.6%的地球表面沒有臭氧層，這些臭氧層空洞大多在兩極之上，並且已經逐漸擴散到人口密集的溫帶區域上空（圖6.18）。臭氧層每損失1%，就會多出2%的紫外線到達地表。紫外線是引起人類皮膚癌與白內障的重要起因，也會殺死大量的海洋浮游植物，使海洋食物鏈中的初級生產者大量減少，讓海洋生態受到很大的影響。

五、一氧化碳(CO)

一氧化碳是空氣中常見的汙染物，主要來源是石化燃料（石油、煤、天然氣）的不完全燃燒。一氧化碳是一種無色、無味、無臭、無刺激性的氣體，因為一氧化碳與血液中血紅素的結合力遠大於血紅素所攜的氧，所以吸入大量的一氧化碳將會減低血液攜氧的能力，增加心臟的負擔，使人頭疼暈眩、反胃、肌肉失去協調能力。

在國內曾發生一氧化碳中毒的事件，在通風不良的室內使用瓦斯爐烹煮食物，或是將熱水器安裝於室內，因燃燒不完全，產生一氧化碳中毒而造成難以挽回的悲劇。其他如在火災現場吸入濃煙，絕大部分也是一氧化碳中毒。

六、二氧化碳(CO_2)

地球的熱能來自於太陽。白天，太陽光射到地球上，大約有50%左右的能量被地球表面吸收，部分被反射回宇宙；晚上，地球表面以紅外線的方式向宇宙散發白天吸收的熱量，其中部分被大氣吸收。大氣中的二氧化碳、水蒸氣、臭氧都有吸收紅外線的性質，所以熱能被保留在大氣中，再反射回地表使地球溫暖，這種作用稱為「溫室效應」。但是，現在大氣中的二氧化碳卻越來越多，原本要輻射回太空中的紅外線卻被二氧化碳吸收轉為熱能，使得地球的氣溫越來越高（圖6.19）。

大氣中的二氧化碳從西元1800年開始緩慢的增加，因為工業革命後人口增加，為解決糧食不足，人們大量砍伐森林來增加耕地，使得原來能利用光合作用來減少空氣中二氧化碳的植物大量減少。二十世紀後，二氧化碳更因為人類大量使用石化燃料而急速增加。燃燒石化燃料時，因為燃料中的碳會和空氣中的氧氣結合形成二氧化碳，所以是二氧化碳增加的主因。

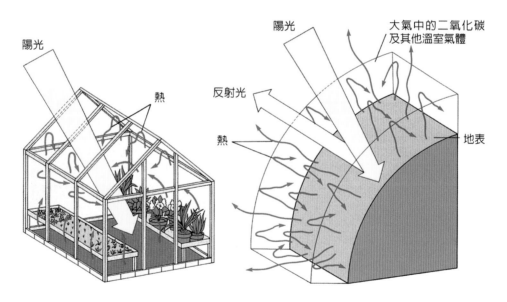

🐾 圖6.19　左圖：當陽光進入溫室後，被溫室內的物體吸收，溫度升高。而溫度升高後的物體將熱以紅外線方式輻射出來，但由於玻璃不允許紅外線通過，因此熱便被留在溫室中而使之溫暖起來，這就是溫室效應。右圖：大氣中CO_2、水蒸氣和其他氣體構成了「溫室氣體」，其功能如同溫室之玻璃。當陽光照射入地球後，少部分反射回太空中，大部分則被溫室氣體吸收再反射回地表，使地表變暖。

二氧化碳是調節地球溫度的主要因素，近年來，由於二氧化碳被大量排放於大氣中，使得全球的溫度都在逐年上升中，生活在台灣的人們，更感受得到夏天氣溫頻頻攀升打破紀錄。據推測，未來50年大氣中的二氧化碳將會增加一倍，全球平均氣溫將升高1.5~4.5℃，屆時兩極冰山融化，海平面將上升，許多大城市將被淹沒。

延·伸·閱·讀

世紀之毒—戴奧辛(dioxin)

戴奧辛來自某些工業化學藥品製造時產生的副產品，如燃燒廢五金、電纜、輪胎、塑膠袋、垃圾等都會產生戴奧辛毒氣，而使空氣、土壤、水受到汙染，動植物及人類也會間接受到汙染。戴奧辛對人類和其他生物具有急性強烈毒性，常導致畸形和癌症。戴奧辛具有不易分解的特性，難溶於水，易積聚在土壤中，一旦滲入土壤、河川中就不易被微生物分解，因此有「世紀之毒」之稱。戴奧辛是一群含多氯聯苯結構式的化合物，容易經由食物鏈而累積在生物體內產生毒性作用。人類吃入含戴奧辛的魚類、肉品及乳製品等產品，可能會干擾基因的表現，造成遺傳傷害，遺害自己和子孫。

水汙染

水汙染主要是指由於人為因素直接或間接地讓汙染物進入水中，造成物理、化學或生物等的改變，影響水的正常用途，危害人體健康或破壞生態環境。人為產生的水汙染很多，其中以日常生活排放的汙水、農業活動汙染及工業廢水最嚴重。如具極高毒性的殺蟲劑(DDT)和多氯聯苯(PCB)，會長期留存在環境中，進而對動物或人類造成危害。農業使用的農藥和化學肥料，流入水中會迅速殺死所有的水生生物，使水質無法恢復正常狀態。工業、採礦或生產製造，排出含有毒的重金屬或其他難以分解的化學物質，使水嚴重受到汙染。以下是各類重金屬的水汙染對人體所造成的傷害與疾病。

一、烏腳病

烏腳病是1950年代末期，臺灣西南沿海地區居民發生血管末梢阻塞、雙足潰瘍卻不易痊癒、變成黑色壞疽的疾病，因患者雙足發黑而得名。烏腳病與當地

居民飲用深井水有關，隨著自來水普及化後，病患已大量減少。因當地深井水中含有高量的砷(As)，因此被懷疑可能是引發烏腳病的病因，但是烏腳病真正致病的原因至今仍未明確，據學者研究，可能與井水中的砷、螢光劑、土壤中的腐質酸，或其他營養遺傳基因等生態循環有關。

二、痛痛病

1950年代居住在日本富山縣的人們全身關節無故疼痛，當時起因不明，經過13年才被證實禍首是重金屬鎘(Cd)汙染了灌溉水源，人們吃了含鎘的農作物，導致骨骼軟化及腎功能衰竭，因為患者關節和脊椎骨會因極度痛楚而發出叫喊聲，因而命名。台灣目前也有許多縣市出現鎘米，如彰化部分農田2006年驗出鎘米，蘆竹鄉中福村31公頃農田，因受鎘汙染停耕長達22年。

三、鉛中毒

鉛(Pb)中毒是指人體接觸鉛或其化合物而導致中毒的現象。鉛中毒會嚴重影響神經系統及消化系統的運作，造成腎臟、生殖功能及中樞神經的傷害，嚴重時可能致命。水汙染中的鉛主要來自汽油中所加的抗震劑四乙基鉛($(C_2H_5)_4Pb$)或油漆中的鉛被溶入水中。鉛中毒的途徑是食入或吸入，其中兒童吸收鉛的比例高於成人，醫學研究顯示兒童鉛中毒會導致永久性的智力損傷和行為異常。根據台灣的醫學研究顯示，對於體內鉛含量較高的腎臟病患者注射排鉛劑，能減緩腎臟病惡化的速度，讓洗腎的時間延後幾年。

四、水俁症

日本水俁(ㄩˇ)村於1953年發生居民集體罹患不知名的神經痛疾病，醫師發現全村多名病患的體內組織含有過量的甲基汞，而其中52人因此病重死亡，此一疾病被稱為水俁症。造成此病的原因是座落於水俁灣周邊的化學工廠，長期排放未經處理的工業汙水，這些汙水汙染了附近的海域，使得這些以捕漁為生的居民長期食用含汞(Hg)的魚類，進而造成神經系統病變。水俁症是由汞汙染所造成的疾病，嚴重時會破壞腎臟及中樞神經系統，引起失智。

此外，熱水汙染會使水中的溶氧量降低，嚴重的影響水中生物的生長，甚至導致生物的死亡，破壞生態系的平衡。

固體廢棄物汙染

固體廢棄物汙染主要來自日常生活用品的廢棄物、垃圾等。因為經濟條件優渥，人們產生的廢棄物越來越多。廢棄物需要妥善處理與管理，否則容易形成環境汙染的問題。如目前塑膠類用品大量使用，造成大量的垃圾，這些塑膠垃圾無法掩埋，讓其在自然生態環境中自然分解，如果焚燒又會造成空氣汙染。又如核廢料和輻射物質更必須被妥善貯藏管制。

自然環境中的各種生物與景觀我們都有義務去保持及維護，因為有了大自然的平衡，人類才能在生態系平衡中求生存。我們應該尊敬這主宰自然環境的力量，設法與生態系內的其他生物共同生活，共享資源。

自然資源

自然資源是人類從自然界中直接獲得的各種用於生產與生活的自然物質，是人類賴以生存的要素。自然資源包括恆定資源、再生資源與非再生資源。如太陽能、地熱能、潮汐能、風力、水力等是自然界中一直存在的資源，稱為**恆定資源**。**再生資源**是指在人類合理利用後，在一段期間內即可再生或循環再現的資源，如土壤、水、生物資源等。而金屬礦物、非金屬礦物、石化燃料等資源在使用後無法再產生的資源，則稱為**非再生資源**。

資源回收再利用

地球的自然資源有限，當前人類刻不容緩的工作是如何提高資源的使用率、有效管理廢棄物、降低汙染程度。

資源回收首先必須有減量的觀念，然後做到分類回收，最後還得講求無害的處理。減量就是減少使用和重複使用，一般廢棄物中約有40%以上可以回收再利用，若能充分回收，不但可以減少環境汙染，也可以減少垃圾處理費，使垃圾掩埋場能延長使用期限。如鋁罐可以回收再製成各種鋁製品，也可以減少煉鋁時所耗費的能源；玻璃的回收可以減少礦砂或石灰岩等自然資源的使用；紙類回收後能製成再生紙，可以節省製紙原料和製紙過程中使用的能源與用水，減少廢水的汙染，據估計回收一噸的廢紙約可以拯救二十顆樹，減少樹木的砍伐，對森林資

源的保護有極大的幫助。所以資源的回收利用，不只能達到垃圾減量，還能減少非再生資源的使用，真是一舉多得。

汙染防治

汙染防治的最佳方法就是「防患於未然」，倘若汙染已經發生，就得想辦法減低汙染的程度，減低對環境的傷害。防患於未然的方法可以從制定法令、發展環保科技、環境教育、培育專業人才等四方面著手。

一、制定法令

從法律方面，可以制訂汙染物管制標準與罰則，對環境汙染事件取締，利用重罰來產生嚇阻的效果。

為了減少空氣汙染，可以制訂空氣汙染防治法規，如使用無鉛汽油、淘汰逾齡舊車、嚴加取締大量產生黑煙廢氣的車輛、鼓勵選擇有裝觸媒轉換器的車輛、確實定期進行檢驗車輛的保養，使排氣符合規定標準。對於工廠，應禁止使用工業燃燒會產生大量廢氣的燃料，要求工廠設置防煙塵設施或廢氣處理系統。鼓勵各種建築工程，縮短工程施工的時間，以減少塵埃製造的時間。

在水汙染的防治中，最重要的是頒布水汙染防制法規，並建立一套完整的廢水處理系統，對所有排放汙水的工廠，做定期與不定期的檢查，使其排放的廢水合乎排放標準。對於河川兩岸的農業和工業排水系統嚴加監督與掌控，避免農藥、其他有毒物質或重金屬物質排放入河川。一般家庭使用的清潔劑，需嚴加規定其內含物質，使其原料能被生物分解，禁含磷成分，以防汙染水質。對於飲用水源更需加強監督，切實取締，以維護飲用水的安全。

二、發展環保科技

目前科技日新月異，發展環保科技可以利用低汙染的替代能源取代高汙染的石化燃料，如利用太陽能、核能、水力、地熱、風力等能源替代石油。此外，更有太陽能汽車、電動汽車、汽電共生引擎等的發明，可以減少汽、機車產生的廢氣，而廢棄物處理科技也與日進步中，可以減低廢棄物對環境造成的衝擊。

三、環境教育

在教育方面，可以利用教育讓廠商與國民了解環境汙染對環境與人類的重大影響，使人們能從自身做起，愛惜環境，保護自然資源。此外，利用媒體大量傳播，也能讓人們認識環境汙染的可怕與嚴重性，並體認汙染環境是重大的罪行。

四、培育專業人才

培訓各種專業的人才，如設置空氣監測站，監督空氣品質；在水汙染的防治方面，設立專門的機構和研究人員，針對水汙染的成因，思考適當的對策等。

此外，種植花草、樹木，除了可以綠化、美化環境外，還可以協助淨化空氣。植物進行光合作用時，可以吸收空氣中的二氧化碳，產生氧氣，這對環境中空氣的淨化亦有不少助益。

生物多樣性的保育

生物多樣性(biodiversity)是一個新創造的組合詞，由生物的(bio-)和多樣性(diversity)組合而成。是昆蟲學家艾德華‧威爾森於1986年在國家研究委員會(National Research Council, NRC)舉辦的首次美國生物多樣性論壇報告中提出。

什麼是「生物多樣性」呢？根據「生物多樣性公約」的定義，生物多樣性是指所有來源的形形色色生物體，這些來源包括陸地、海洋和其他水生生態系統及其所構成的生態綜合體，包括物種內部、物種之間和生態系統的多樣性。所以生物多樣性的組成可以分為遺傳多樣性(genetic diversity)（又稱為基因多樣性）、物種多樣性(species diversity)和生態系多樣性(ecosystem diversity)。

一、遺傳多樣性

遺傳多樣性又稱為**基因多樣性**。遺傳多樣性高，代表族群中可供環境天擇的基因種類越多，對環境的適應能力就越強，因此有利於族群的生存及演化，是生物生存與演化的重要要素之一。

二、物種多樣性

全世界到底有多少物種呢？目前地球上約有170多萬種動、植物被命名，但是根據專家估計，地球上可能蘊含高達4千萬的物種。物種多樣性在地球上分布並不平均，由於環境因素，物種在熱帶地區較為活躍、種類較多，在極地地區的物種種類最少、生態最不活躍，所以物種的多樣性與緯度呈明顯的反比關係，離赤道越遠，物種就越稀少。例如在巴西亞馬遜河流域的雨林，光植物品種就逾2萬種，更有數十萬計的昆蟲。

三、生態系的多樣性

生態系的多樣性是指某一地區中含有多種的生態系類型。例如某一區域包含了農地、森林、池塘、沼澤和草原等生態系，比起單獨作為農耕的地區具有較高的多樣性。

隨著文明的發展，物種消逝的速度正以比以前千倍萬倍的速度在消逝。生物多樣性的提出，最重要的就是打破傳統觀念過於強調單一物種的保育和價值觀，而強調任何生命都有它存在的價值。

近五十年來，世界人口大增，人類耗盡了地球上四分之一的表土，大量開發了耕地、森林、石油、煤炭資源等，使大氣改變、冰山溶解，更造成其他生物物種的大量滅絕。目前生物多樣性在逐漸消失中，主要的因素有：

一、人口太多

生物多樣性消失的最主要原因是人口太多。由於人口太多，糧食需求激增，許多森林被砍伐闢成農田、建房屋、設學校、開工廠，為求農作物增產與容易栽培，大面積栽種單一物種的農作物，使植物物種的多樣性減少，而原有多樣的昆蟲、爬蟲類、鳥類等等，在森林砍伐、農田開闢後逐漸消失，使得越來越多的土地面積只剩下了單一作物和與之有關的少數物種。

二、棲息地破壞

環境的破壞是對生物多樣性最大的威脅，一旦物種棲息的環境遭受到破壞，不僅是棲息在上面的物種無法生存，其他和該物種相關的物種也會受到威脅，整個生態系將為之崩潰，基因多樣性也難以保存。

三、資源過度利用

　　人類長久以來過度的利用自然資源，使物種大量滅絕，據學者估計目前世界上每天滅絕的物種約超過100種，是自然滅絕速率的一萬倍以上。倘若持續惡化，到了2050年，地球上將有四分之一以上的物種面臨滅絕消失，人類的生存將受到嚴重威脅。

四、汙 染

　　汙染不僅危害人類健康，也危害其他物種。例如工業排放的廢氣會使一些植物葉子發黃，廢水汙染河川，會使水中生物大量死亡，而開採石油的漏油事件更危及海上不計其數的生物。

五、氣候變遷

　　氣候變遷會影響地球大部分的生物。全球暖化改變了降雨型態，使風暴威力增強了，提高乾旱和洪水的發生，冰河融化和冰原侵蝕也急遽加速，導致海平面大幅升高，因此對人類和所有物種將造成毀滅性的衝擊。有科學研究指出如果全球平均溫度再升高攝氏1.5~2.5度，地球將有多達30%的動植物物種可能滅絕。

六、外來種的引進

　　地球上的生物受到環境的影響，逐漸演化出不同的物種與生態系，形成今天地球上豐富的生物多樣性。每一種物種在獨特的自然生存環境中競爭、繁殖、演化，並且與周圍的其他生物形成了穩定與和諧的生態平衡。如果引進或入侵外來種，外來種生物可能會捕食原來物種，和原來物種競爭，甚至因物種雜交而改變原來物種的基因組成，將會使生態系統受到改變，平衡將被破壞。

　　各類的生物物種提供人類所有食、衣、住、行的主原料，製造業的化學原料，還有許許多多充實我們生活的原料。人類的生存都是仰賴著生物多樣性，所以就必須重視生物多樣性。

　　我們可以透過各種方式來保育生物的多樣性。以下是近代科學上常使用的方法，包括就地保育(in situ conservation)、移地保育(ex situ conservation)和復育(restoration)。

一、就地保育

就地保育是指保護生物的棲息環境，讓它們可以自然生長、繁衍，例如我們設立的國家公園、自然保留區、野生動物保護區等。

二、移地保育

移地保育就是將瀕危的動植物安置在非自然的棲地內進行保育。例如，某些物種若是在受到威脅的棲地中，就將其中一部分的族群移出到新的地點，而這個新的地點可能是另一個野外地區，或者是在人類照顧下的區域。最傳統的方法是在動物園或植物園中進行移地保育，即將所有需保育的物種個體移居，再讓它們繁殖，以等待機會再次野放到野外去。

三、復育

棲地復育是一個過程，指人類為特定目的，以人為的方式將環境「回復」到破壞或退化之前的狀態。復育的目的是讓生態系中消失的物種能重新回到該生態系中，使生態系能恢復正常運作。

總而言之，生物多樣性的保育就是合理的利用地球上的自然資源，使資源能永遠持續利用，循環再生，用心保護地球生物、用心愛惜地球的環境與資源，讓適應環境的基因得以保留，提供人類永續生存的資源，營造一個擁有健康自然生態環境的地球村。

一、是非題

1. 馬鞍藤植株上常見菟絲子攀爬生長，菟絲子與馬鞍藤的關係屬於： (a)互利共生 (b)片利共生 (c)寄生 (d)競爭。

2. 下列何者不是造成異種生物間互相競爭之因素？ (a)空間 (b)食物 (c)水源 (d)配偶之尋求。

3. 下列何種物質被排放到大氣中，經變化後碰到雨水會形成酸雨？ (a)甲烷 (b)二氧化硫 (c)二氧化碳 (d)一氧化碳。

4. 一群生活在特定區域中的同種生物，稱之為： (a)群落 (b)族群 (c)生物圈 (d)生態系。

5. 水俁病是因為何種金屬汙染所造成的？ (a)砷 (b)鎘 (c)汞 (d)銅。

6. 焚燒廢五金、造紙業或除草劑等生產過程中所產生最強的毒物，號稱「世紀之毒」，為何種汙染物？ (a)戴奧辛 (b)多氯聯苯 (c)甲基汞 (d)硫酸銅。

7. 下列大小順序的排列，何者正確？ (a)族群＞群落＞生態系＞物種 (b)物種＞族群＞群落＞生態系 (c)生態系＞群落＞物種＞族群 (d)生態系＞群落＞族群＞物種。

8. 下列有關生物多樣性的敘述，何者正確？ (a)生物多樣性愈高，生態系愈不穩定 (b)生態多樣性是指一個地區內有多少不同的生物種類 (c)地球上生物種類的逐漸減少，會使得地球生物多樣性降低 (d)基因的變異程度與生物多樣性無關。

9. 下列哪一個生態系的生物多樣性最豐富？ (a)熱帶雨林 (b)草原 (c)溫帶森林 (d)沙漠。

10. 研究生物族群、群集之間及生物和無機環境間相互關係的科學稱為： (a)生態學 (b)心理學 (c)形態學 (d)遺傳學。

11. 硝化細菌、鐵細菌和硫細菌在生態系所扮演的角色為何？ (a)為生產者 (b)為消費者 (c)為分解者 (d)為清除者。

12. 研究生物族群、群集之間及生物和無機環境間相互關係的科學稱為： (a)生態學 (b)心理學 (c)形態學 (d)遺傳學。

13. 動物排泄物、農業用肥料、或清潔劑大量排進淡水湖中，會造成優養化現象。下列有關優養化的敘述何者錯誤？ (a)水中含氧量過剩所造成 (b)與排入湖中的磷有關 (c)有分解者參與 (d)藻類大量繁殖。

14. 若台灣未來無人口的遷入、遷出，出生率雖有提升，但仍小於死亡率，則台灣的人口族群變化將會如何？ (a)成為穩定型的族群 (b)成為成長型的族群 (c)成為衰退型的族群 (d)成為穩定、成長混和型族群。

15. 某稻田中的食物網如下圖。若此處已被「戴奧辛」汙染，則下列何種生物個體內所含戴奧辛的濃度最多？ (a)蛙 (b)雞 (c)蛇 (d)鼠。

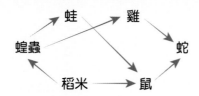

16. 目前生物圈內，有些生物面臨絕種的原因在於： (a)繁殖力較弱 (b)自然環境改變 (c)人們的濫加捕殺 (d)以上皆有可能。

17. 蠍、蜥蜴、駱駝、仙人掌和矮樹是生活在下列何種環境中？ (a)草原 (b)沙漠 (c)森林 (d)海邊。

18. 在廣大的海洋生態系中，主要的生產者是： (a)魚類 (b)藻類 (c)蝦類 (d)貝類。

19. 下列何者在研究生物與環境間的關係，且特別關注生物和環境的變化？ (a)物理學 (b)遺傳學 (c)生態學 (d)生理學。

20. 族群的增大仍有極限的原因是： (a)空間和食物的限制 (b)食物網中其他族群的限制 (c)人為的擾動 (d)以上皆有可能。

21. 環境中，一物種到達它的負載能力時 (a)族群呈J-型曲線 (b)族群成長不受影響 (c)族群成長達到穩定狀態 (d)以上皆非。

22. J-型曲線代表族群 (a)食物供應有限 (b)達到環境負載能力 (c)呈指數成長 (d)呈指數成長後崩潰。

23. 假設，有一2,400平方公尺的草原上有36隻斑馬，那麼這個斑馬的族群密度是多少隻／平方公尺？ (a)0.012 (b)0.015 (c)0.12 (d)0.15。

24. 在現實環境中，哪個不是影響K值的因素？ (a)陽光 (b)養分 (c)族群的種類 (d)生物的交互作用。

25. 下列哪一項屬於調節族群成長的非密度制約因素？　(a)為食物的競爭　(b)捕食者的活動　(c)寄生物　(d)氣候。

26. 在生物的交互作用中，哪一種是屬於不利雙方的行為？　(a)捕食　(b)寄生　(c)共生　(d)競爭。

27. 下列有關生態系的敘述，哪一項是錯誤的？　(a)進入生態系的所有能量，都傳遞到分解者　(b)數量金字塔中，每一層級生物數量皆多於下方一層級　(c)食物網中，能量傳遞的效率變化很大　(d)生態系必須以自營生物捕捉能量開始。

28. 養分低、浮游植物少的清澈湖泊稱為　(a)貧營養湖　(b)富營養湖　(c)酸沼澤　(d)鹹水湖。

29. 大多數群落的能量源自於　(a)太陽　(b)生物的分解　(c)海洋和湖泊　(d)二級消費者。

30. 下列何者不屬於異營生物？　(a)草食性動物　(b)腐食性動物　(c)分解者　(d)生產者。

31. 以死亡動植物為食的生物是　(a)微生物　(b)消費者　(c)自營生物　(d)生產者。

32. 哪一個過程因細菌的活動使空氣中的氮轉移到土壤中？　(a)湧升流　(b)固氮作用　(c)硝化作用　(d)脫氮作用。

33. 下列哪一個是調節全球「溫度」的主要因素？　(a)氮氣　(b)臭氧　(c)氧氣　(d)二氧化碳。

34. 下列關於酸雨的敘述何者錯誤？　(a)酸雨會傷害植物的葉　(b)酸雨是湖泊的殺手　(c)酸雨會妨礙植物的根部對營養的吸收　(d)酸雨是一氧化碳溶解於霧氣和雨滴中所形成。

35. 空氣汙染的汙染物不包括：　(a)建築或修路時所產生的灰塵　(b)核能發電所排放的熱水　(c)工業燃燒所產生的濃煙　(d)各種汽、機車所產生的廢氣。

36. 下列哪項資源是不可再生資源？　(a)石油　(b)空氣　(c)水　(d)森林。

37. 下列措施何者違反自然資源的保育？　(a)利用堆肥替代合成肥料　(b)石化燃料的開採　(c)重複利用可回收資源　(d)保護野生動物。

38. 下列哪一項對於維護自然生態平衡是有貢獻的？　(a)砍伐森林，開墾為耕地　(b)大量使用殺蟲劑，增加作物生產　(c)垃圾分類，資源回收　(d)獵殺野生動物，製作標本。

39. 冰箱和冷氣機的冷媒—氟氯碳化合物，會引起下列哪一種現象？　(a)光煙霧　(b)破壞臭氧層　(c)酸雨　(d)溫室效應。

40. 一群生活在特定區域中的同種生物，稱之為： (a)群落 (b)族群 (c)生物圈 (d)生態系。

41. 水俁病是因為何種金屬汙染所造成的？ (a)砷 (b)鎘 (c)汞 (d)銅。

42. 焚燒廢五金、造紙業或除草劑等生產過程中所產生最強的毒物，號稱「世紀之毒」，為何種汙染物？ (a)戴奧辛 (b)多氯聯苯 (c)甲基汞 (d)硫酸銅。

43. 兩種或多種生物共同生活在一起的生活現象，稱之為： (a)寄生 (b)競爭 (c)共生 (d)掠食。

44. 生活在同一區域的同種或異種生物為了爭取有限的共同資源或其他生活需求時所發生的現象，稱之為： (a)寄生 (b)競爭 (c)共生 (d)掠食。

45. 生物多樣性越大的地方，下列敘述何者正確？ (a)生物越多，越難達成平衡 (b)越容易有消長發生 (c)食物網越複雜，越安定 (d)越容易受到外界的干擾作用。

46. 清潔劑及肥料中含有氮及磷，會使水中含氮、磷量增加，而使水中何種生物大量增生，造成水體缺氧，以致水質優氧化？ (a)魚類 (b)藻類 (c)浮游動物 (d)蝦類。

47. 研究生物族群、群落之間及生物和無機環境間相互關係的科學稱為： (a)生態學 (b)心理學 (c)型態學 (d)遺傳學。

你答對了嗎？ cdbbc accaa aaacc dbbcd ccbcd dbaad abddb
abcbb cacbc ba

實驗 I
EXPERIMENT

顯微鏡的構造與使用

一、實驗目的

認識複式光學顯微鏡的構造與操作步驟。

二、實驗原理

利用顯微鏡可以觀察到肉眼無法看到的生物體細微構造。顯微鏡可分成兩種類型：(1)光學顯微鏡，以光為光源，放大倍率最多為1,000~1,500倍，可分為單式光學顯微鏡與複式光學顯微鏡。(2)電子顯微鏡，利用電子束為光源，放大倍率可到數十萬倍。一般生物實驗室常見的顯微鏡為複式光學顯微鏡，因此，本次實驗將以介紹複式光學顯微鏡的構造與操作步驟為主。

A. 顯微鏡的構造

複式光學顯微鏡的主要構造如圖1.1所示，簡介如下：

1. 載物台：可放置標本玻片的平台，平台上面有玻片夾，可用來固定玻片。
2. 物鏡：裝於旋轉盤上，常使用的放大倍數為4X、10X、20X、40X、100X。X代表放大倍數，4X即代表放大4倍。
3. 目鏡：位於鏡筒的上方，常使用的放大倍數為5X、10X及15X，因此複式光學顯微鏡的總放大倍數=目鏡放大倍數×物鏡放大倍數。

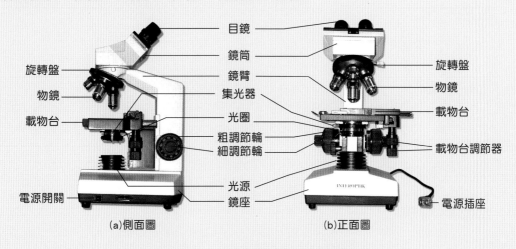

旋轉盤　物鏡　載物台　電源開關　目鏡　鏡筒　鏡臂　集光器　光圈　粗調節輪　細調節輪　光源　鏡座　旋轉盤　物鏡　載物台　載物台調節器　電源插座

(a)側面圖　　(b)正面圖

🐾 圖1.1　複式光學顯微鏡結構圖。

4. 調節輪：可分成粗調節輪及細調節輪二種，轉動時可使載物台上下移動，具有調整焦距的作用。

5. 集光器：位於載物台下方，可將光線集中到標本玻片上，集光器內含有光圈，藉由光圈的口徑大小可調節光線的強弱。

6. 旋轉盤：位於鏡筒的下方，其圓孔可連接物鏡。

B. 顯微鏡的操作步驟

1. 取用顯微鏡時，一手握住鏡臂，另一手則托住鏡座，然後放置於實驗桌上。

2. 轉動粗調節輪將載物台下降到最低的位置，將標本玻片以玻片夾固定後，利用玻片移動控制鈕，將玻片移動到載物台的中間圓孔的位置。

3. 利用旋轉盤將最低倍的物鏡與鏡筒相接。

4. 先確定顯微鏡電源開關為關閉，然後插上電源，再打開電源開關。

5. 轉動粗調節輪將載物台緩慢上升，雙眼利用目鏡觀察玻片直到影像出現為止，再轉動細調節輪使影像更清晰。

6. 利用旋轉盤轉換到高倍物鏡，此時只需要調動細調節輪直到影像清晰為止。

C. 顯微鏡使用的注意事項

1. 避免使用單手提領顯微鏡，以免因傾斜使目鏡脫落。

2. 保持顯微鏡的清潔，避免潮濕、腐蝕，防止日晒與沾染灰塵。

3. 鏡頭如有沾汙需使用拭鏡紙擦拭，也可以用棉花棒沾酒精或二甲苯擦拭乾淨。

4. 顯微鏡使用完畢需將載物台下降到最低處，旋轉盤上的物鏡調回最低倍數的物鏡。

三、實驗材料

顯微鏡、拭鏡紙。

四、實驗步驟

1. 參考對照圖1.1以了解顯微鏡的構造。

2. 配合實驗II以熟悉顯微鏡的操作。

3. 利用拭鏡紙清潔顯微鏡。

五、問題與討論

1. 鏡頭如果弄髒了該如何處理？

2. 顯微鏡使用的注意事項有哪些？

觀察洋蔥表皮細胞

一、實驗目的

利用複式光學顯微鏡藉由觀察洋蔥表皮細胞，以明瞭細胞的構造。

二、實驗原理

細胞是所有生物體的構造與功能的單位，細胞的種類雖然很多，其細胞大小差異很大，但其基本結構則包括細胞膜、細胞質與胞器等三部分。植物細胞則多出細胞壁的構造。欲了解生物體複雜的功能，則必須先由明瞭細胞的構造與功能著手。

三、實驗材料

洋蔥、蒸餾水、0.05％甲基藍(methylene blue)溶液、蓋玻片、載玻片、乳頭滴管、燒杯(50mL)、鑷子、探針、複式光學顯微鏡。

四、實驗步驟

1. 首先將蓋玻片與載玻片擦拭乾淨。
2. 將洋蔥鱗莖對折，用鑷子撕下洋蔥表皮如圖2.1所示。
3. 將撕下的洋蔥表皮放入載玻片上，並且用乳頭滴管滴上一滴清水，用探針將表皮展開來，再蓋上蓋玻片，小心操作避免氣泡產生，於顯微鏡下觀察洋蔥表皮細胞，並且繪圖記錄。
4. 為進一步觀察洋蔥表皮細胞，滴一滴甲基藍染劑於蓋玻片一側，另一側用吸水紙吸水，使

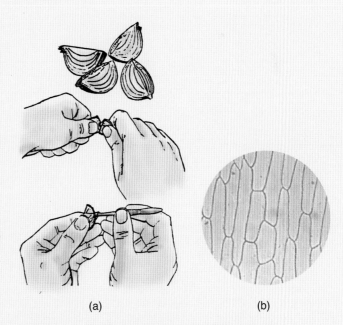

(a)   (b)

🐾 圖2.1　(a)取下洋蔥表皮；(b)洋蔥表皮細胞。

洋蔥表皮標本能均勻染色，於顯微鏡下再觀察比較有何不同。

五、實驗結果

1. 請繪出洋蔥表皮細胞的排列與形狀。

2. 請繪出甲基藍染色洋蔥表皮細胞有何改變。

六、問題與討論

1. 洋蔥表皮細胞染色後，何種構造變得更清晰？

2. 製造洋蔥表皮臨時標本玻片時，如何避免氣泡的產生？

魚的觀察與解剖

一、實驗目的

　　觀察魚的外形和內部構造，明白其器官的功能，同時學習解剖動物的方法。

二、實驗原理

　　硬骨魚類具有中軸骨骼，魚體有鱗且皮膚分布許多黏液腺。魚體的側線為一感覺器官，是神經末端之終點，可感覺水壓及振動。魚鰭包含偶鰭（胸鰭、腹鰭各兩個）和奇鰭（背鰭、臀鰭與尾鰭各一個）。硬骨魚類的鰓包括鰓弓及由鰓絲所構成的鰓瓣。鰓絲表面有小的突起稱為次級鰓瓣，可以增加鰓的表面積。水流自魚的口進入咽，通過鰓而由鰓裂流出。鰓內有豐富的微血管可以和流經鰓的水分進行氣體交換而獲得氧氣。

　　魚的呼吸以鰓為主，有些魚類，如鰻的皮膚、泥鰍的腸可以輔助呼吸作用的進行。魚體內有泳鰾可以調節水壓，維持平衡，當鰾囊內充滿氣體時能夠支撐魚的骨頭與肌肉的重量。魚的心臟由一心房及一心室構成。魚類的生殖一般為體外受精、卵生為主。本實驗將以硬骨魚類為實驗材料（如吳郭魚）來介紹魚的外部與內部構造。

三、實驗材料

　　吳郭魚、解剖盤、解剖刀、大頭針、鑷子、剪刀、棉花、光學顯微鏡、數位相機。

四、實驗步驟

A. 魚的外部構造觀察

1. 首先參考圖3.1所示，正確認識魚的身體各個部位。
2. 將魚放置於解剖盤上（解剖盤墊上濕潤的棉花），另取濕潤的棉花覆蓋於魚體上，保持魚體的濕潤。
3. 將魚的尾鰭張開，利用低倍顯微鏡觀察微血管中血球的流動情形。

鼻孔 眼　　　背鰭　側線

鰓蓋　鰓裂　胸鰭　腹鰭　肛門　　臀鰭　　尾鰭

🐾 圖3.1　魚的外部構造。

B. 魚的內部構造觀察

　　將魚取出後進行解剖（注意勿傷及器官），同時參考圖3.2觀察魚的內臟器官。

五、實驗結果

　　利用數位相機拍下魚的外形及內部器官，同時將各個構造的名稱標示出來。

六、問題與討論

1. 泳鰾的作用為何？
2. 側線的功用為何？

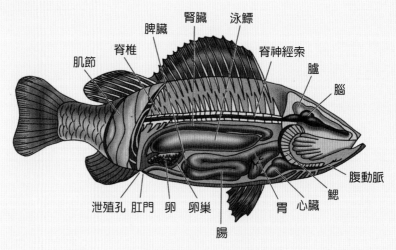

脾臟　腎臟　泳鰾

肌節　脊椎　　　　脊神經索　　臚　腦

泄殖孔 肛門 卵 卵巢　　胃 心臟　鰓 腹動脈

腸

🐾 圖3.2　硬骨魚的內部構造。

青蛙的觀察與解剖

一、實驗目的

觀察青蛙的外部形態和內部構造，同時了解各個器官的功能。

二、實驗原理

青蛙在分類上屬於脊索動物門、兩生綱、無尾目之動物，有明顯脊椎動物的器官特徵。蛙體分成頭、軀幹及附肢。青蛙的體腔分為圍心腔和胸腹腔。青蛙因為無橫膈，故無胸腔、腹腔之區分。胸腹腔主要含有呼吸、消化、排泄、生殖等系統，而循環系統則位於圍心腔內。

青蛙外部形態的特徵如圖4.1所示，包括：

1. 鼓膜：位於眼後方，為青蛙之聽覺器官。

2. 鳴囊：雄蛙才有的構造，位於鼓膜下方，雄蛙鳴叫時，空氣進入鳴囊而鼓起，進而造成發聲。

3. 口腔：口腔內的舌為充滿黏液的帶狀肌肉，舌尖呈分岔狀，捕捉獵物時，舌尖可迅速翻出口腔之外。

4. 青蛙的軀幹短胖，皮膚包含黏液腺及微血管，可進行呼吸作用。

🐾 圖4.1　青蛙的外部構造。

青蛙的內部構造如圖4.2所示，包括：

1. 呼吸系統：由紅色囊泡狀的肺所構成，左、右各兩葉，肺有許多微血管分布，可以進行氣體交換。

2. 消化系統：由口腔、食道、胃、小腸、大腸、脾臟、胰臟、膽囊、肝臟（肝臟分成左、右兩葉，左葉又可區分為前、後兩葉）等器官組成。

3. 循環系統：心臟由兩心房及一心室所組成。

4. 排泄系統：由腎臟、輸尿管、膀胱與泄殖腔所組成。腎臟前端為脂肪體（黃白色指狀突起）可儲存養分。泄殖腔則是消化、生殖與排泄器官對外的同一通道。

5. 生殖系統

   (1) 雄性生殖器官：包括睪丸、輸精微管與輸精管。青蛙的精液是由輸尿管輸送，因此所謂的輸精管實際上是指輸尿管。

   (2) 雌性生殖器官：由卵巢、輸卵管、子宮組成。卵巢位於腎臟附近，由許多黑白各半的卵所組成。

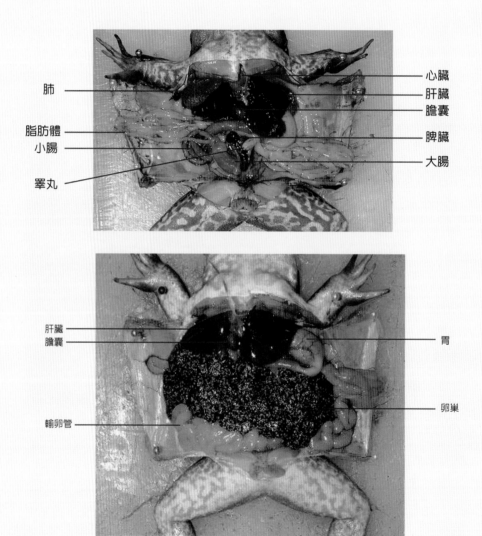

🐾 圖4.2　青蛙的內部構造。

三、實驗材料

青蛙、石蠟解剖盤、解剖剪、解剖刀、鑷子、大頭針、探針、乙醚、吸管、棉花、數位相機。

四、實驗步驟

A.青蛙的外部構造觀察

根據圖4.1觀察有關於青蛙的外部構造。

B.青蛙的內部構造觀察

1. 利用乙醚麻醉，或使用腦脊髓穿刺法將探針刺入枕骨大孔，破壞青蛙的腦脊髓使其癱瘓，如圖4.3所示。
2. 利用大頭針將青蛙固定於石蠟解剖盤上。
3. 用鑷子先將皮膚剪開，緊接著剪開肌肉。其解剖方向的順序如圖4.4所示，注意切口要偏向一側。
4. 對照圖4.2仔細觀察青蛙內部之器官位置。
5. 找到心臟的位置，計算每分鐘心跳次數。
6. 用吸管插入喉門，輕輕吹氣，觀察肺是否膨脹。

 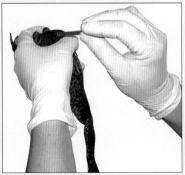 

🐾 圖4.3　腦脊髓穿刺法。

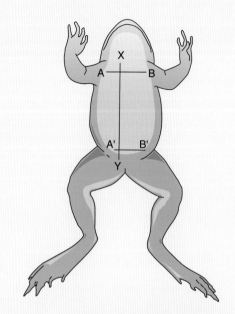

🐾 圖4.4　青蛙內部構造觀察之剪開位置。

五、解剖青蛙注意事項

1. 若使用乙醚作麻醉劑，因乙醚容易揮發和燃燒，使用時要遠離火源。同時注意室內通風，避免人體吸入過多的乙醚造成傷害。
2. 固定青蛙的大頭針以45°角斜插在石蠟解剖盤上，大頭針頂端向外傾斜，以免影響解剖。
3. 解剖青蛙時，剖開腹部的皮膚和肌肉時，切口要略偏於左或右，以免剪破腹腔血管，造成血液汙染，影響到觀察的成效。

六、實驗結果

　　利用數位相機拍下青蛙的內部構造，並標示各器官的名稱。

七、問題與討論

1. 根據青蛙胃的內容物，判斷青蛙的食性為何？
2. 如何經由青蛙的外部形態區別雌蛙或雄蛙？

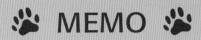 MEMO

國家圖書館出版品預行編目資料

生物學 / 顏子玉編著. － 五版. -- 新北市：
新文京開發, 2020.01
面； 公分

ISBN 978-986-430-574-2（平裝）

1. 生命科學

360 180020985

生物學（第五版） （書號：E361e5）

編　著　者	顏子玉
出　版　者	新文京開發出版股份有限公司
地　　　址	新北市中和區中山路二段 362 號 9 樓
電　　　話	(02) 2244-8188（代表號）
Ｆ　Ａ　Ｘ	(02) 2244-8189
郵　　　撥	1958730-2
初　　　版	西元 2011 年 05 月 10 日
二　　　版	西元 2012 年 07 月 31 日
三　　　版	西元 2014 年 09 月 05 日
四　　　版	西元 2017 年 08 月 01 日
五　　　版	西元 2020 年 01 月 15 日

有著作權　不准翻印　　　　　　　建議售價：545 元
法律顧問：蕭雄淋律師
ISBN 978-986-430-574-2

New Wun Ching Developmental Publishing Co., Ltd.

New Age · New Choice · The Best Selected Educational Publications — NEW WCDP

新文京開發出版股份有限公司

新世紀‧新視野‧新文京 — 精選教科書‧考試用書‧專業參考書